Wissenschaftliche Taschenbücher

WTB

Mathematik · Physik

W. Brauer · H.-W. Streitwolf

Theoretische Grundlagen der Halbleiterphysik

Akademie-Verlag · Berlin

WTB Wissenschaftliche Taschenbücher

ROLF BORSDORF/MANFRED SCHOLZ
Spektroskopische Methoden in der organischen Chemie

WERNER HABERDITZL
Magnetochemie

GERHARD HEBER
Mathematische Hilfsmittel der Physik, Teil I und II

A. A. SOKOLOW
Elementarteilchen

HEINZ AHRENS
Varianzanalyse

HANS-JÜRGEN TREDER
Relativität und Kosmos
Raum und Zeit in Physik, Astronomie und Kosmologie

ALBERT EINSTEIN
Grundzüge der Relativitätstheorie

ALBERT EINSTEIN
Über die spezielle und die allgemeine Relativitätstheorie

GÜNTHER LUDWIG
Wellenmechanik. Einführung und Originaltexte

HARRY PAUL
Lasertheorie, Teil I und II

FRANZ RUDOLF KESSLER
Einführung in die physikalischen Grundlagen der Kernenergiegewinnung

EBERHARD TEUSCHER
Pharmakognosie, Teil I und II

D. TER HAAR
Quantentheorie. Einführung und Originaltexte

J. H. SANDERS
Die Lichtgeschwindigkeit. Einführung und Originaltexte

JEAN KUNTZMANN
Unendliche Reihen
Mathematische Hilfsmittel der Physik und Chemie
Mit 94 Übungen und 29 Aufgaben

JEAN KUNTZMANN
Systeme von Differentialgleichungen
Mathematische Hilfsmittel der Physik und Chemie
Mit 88 Übungen und 40 Aufgaben

JEAN KUNTZMANN
Komplexe Veränderliche
Mathematische Hilfsmittel der Physik und Chemie
Mit 90 Übungen und 37 Aufgaben

FERDINAND CAP
Einführung in die Plasmaphysik
I. Theoretische Grundlagen

FERDINAND CAP
Einführung in die Plasmaphysik
II. Wellen und Instabilitäten

FERDINAND CAP
Einführung in die Plasmaphysik
III. Magnetohydrodynamik

J. A. ROSANOW
Wahrscheinlichkeitstheorie

HARRY PFEIFER
Theorie linearer Bauelemente
Elektronik für den Physiker I

HARRY PFEIFER
Die Elektronenröhre
Elektronik für den Physiker II

HARRY PFEIFER
Schaltungen mit Elektronenröhren
Elektronik für den Physiker III

HARRY PFEIFER
Leitungen und Antennen
Elektronik für den Physiker IV

HARRY PFEIFER
Mikrowellenelektronik
Elektronik für den Physiker V

HARRY PFEIFER
Halbleiterelektronik
Elektronik für den Physiker VI

SIEGFRIED HAUPTMANN
Über den Ablauf organisch-chemischer Reaktionen

GERHARD HÜBNER / KLAUS JUNG / ECKART WINKLER
Die Rolle des Wassers in biologischen Systemen

STEPHEN G. BRUSH
Kinetische Theorie, Teil I und II
Einführung und Originaltexte

EBERHARD HOFMANN
Eiweiße und Nucleinsäuren als biologische Makromoleküle
Dynamische Biochemie, Teil I

EBERHARD HOFMANN
Enzyme und energieliefernde Stoffwechselreaktionen
Dynamische Biochemie, Teil II

EBERHARD HOFMANN
Intermediärstoffwechsel
Dynamische Biochemie, Teil III

EBERHARD HOFMANN
Grundlagen der Molekularbiologie und Regulation des Zellstoffwechsels
Dynamische Biochemie, Teil IV

HERBERT GOERING
Elementare Methoden zur Lösung von Differentialgleichungsproblemen

PETER KRUMBIEGEL
Isotopieeffekte

D. M. BRINK
Kernkräfte. Einführung und Originaltexte

DIETER ONKEN
Steroide
Zur Chemie und Anwendung

HEINZ GEILER
Ökologie der Land- und Süßwassertiere

ARTHUR P. CRACKNELL
Angewandte Gruppentheorie. Einführung und Originaltexte

DIETER KLAUA
Elementare Axiome der Mengenlehre

GÜNTER TEMBROCK
Grundlagen der Tierpsychologie

J. F. VINSON
Optische Kohärenz in der klassischen Theorie und in der Quantentheorie

W. R. HINDMARSH
Atomspektren. Einführung und Originaltexte

GÜNTER TEMBROCK
Biokommunikation
Informationsübertragung im biologischen Bereich
Teil I und II

ADOLF ZSCHUNKE
Kernmagnetische Resonanzspektroskopie in der organischen Chemie

DIETER MERKEL
Riechstoffe

JOHN CUNNINGHAM
Vektoren

GEORG DAUTCOURT
Relativistische Astrophysik

ERNST SCHMUTZER
Symmetrien und Erhaltungssätze der Physik

MICHAEL GÖSSEL
Angewandte Automatentheorie, Band I
Grundbegriffe

MICHAEL GÖSSEL
Angewandte Automatentheorie, Band II
Lineare Automaten und Schieberegister

HEINRICH KINDLER
Der Regelkreis. Eine Einführung

A. R. KESSEL
Akustische Kernresonanz

WOLFRAM BRAUER / HANS-WALDEMAR STREITWOLF
Theoretische Grundlagen der Halbleiterphysik

Vorschau auf die nächsten Bände:

DIETRICH BENDER / ERNST-EGON PIPPIG
Einheiten, Maßsysteme, SI

DIETER KLAUA
Grundbegriffe der axiomatischen Mengenlehre, Teil I

DIETER KLAUA
Grundbegriffe der axiomatischen Mengenlehre, Teil II

JOACHIM NITSCHMANN
Entwicklung bei Mensch und Tier. Embryologie

EBERHARD TEUSCHER
Allgemeine Pharmakognosie, Teil I und II

WTB

BAND 119

Wolfram Brauer
Hans-Waldemar Streitwolf

Theoretische Grundlagen der Halbleiterphysik

Mit 57 Abbildungen

AKADEMIE-VERLAG · BERLIN

Reihe MATHEMATIK UND PHYSIK

Verfasser:
Prof. Dr. Wolfram Brauer
Dr. Hans-Waldemar Streitwolf
Zentralinstitut für Elektronenphysik
der Akademie der Wissenschaften der DDR

1973

Lizenznummer: 202 · 100/447/73
Herstellung: VEB Druckhaus „Maxim Gorki", 74 Altenburg
Bestellnummer: 761715 5 (7119)
ES 18 B 1, 18 B 5
Printed in German Democratic Republic

Mehr als Kleinigkeiten kann man mit bloßem Auge
dort, wo Wahrheit ist, nicht sehn.

Franz Kafka

Vorwort

Das chemische Element Silizium stellt die materielle Basis einer Technologie dar, die für die wissenschaftlich-technische Entwicklung in der zweiten Hälfte unseres Jahrhunderts fundamental geworden ist. Das vorliegende kleine Buch gibt eine kurzgefaßte Einführung in die Theorie des Verhaltens von Elektronen in Halbleitern wie Silizium und anderen, verwandten Festkörpern.

Die Stärke der dabei dargelegten Theorie liegt in ihrer Fähigkeit zur zumindest qualitativen Interpretation einer Fülle von Beobachtungsdaten, insbesondere in deren Abhängigkeit von äußeren Parametern, wie z. B. der Temperatur und des Magnetfeldes. Die quantitative Berechnung von Halbleiter-Meßgrößen aus den Grundlagen der Physik scheitert bisher jedoch häufig an einer ungenügenden Kenntnis der Wellenfunktionen bzw. des Potentials der Elektronen im Festkörper. Zuverlässige zahlenmäßige Berechnungen des optischen Verhaltens, des Transports in verschiedenen äußeren Feldern, der detaillierten Gitterschwingungsspektren betreffen daher Aufgaben der Theorie, deren Lösung erst in der Zukunft liegt. Ihr begrifflicher Rahmen jedoch sollte sich im Bereich jenes Systems von Relationen befinden, das im Folgenden dargelegt ist.

Eine direkte Beziehung zwischen den quantenmechanischen Untersuchungen über die Bewegung von Elektronen in Kristallen und der elektronischen Technologie dieser Werkstoffe ist häufig nur schwer erkennbar oder auch kaum vorhanden. Physikalisch durchaus relevante Probleme sind oftmals – zunächst – weit jenseits irgend eines technischen Interesses. Dennoch kann auch der ausgeprägt pragmatisch orientierte Wissenschaftler die absolute Notwendigkeit der Grundlagenforschung auf einem Gebiet wie der Elektronenphysik des Silizium oder Gallium-Arsenid nicht in Frage stellen. Erst das Zurückführen der mannigfachen Erkenntnis auf die allgemeinen Grundlagen der Physik bewirkt jene Sicherheit des Operierens auch in der Anwendung, welche die Voraussetzung einer Technologie auf hohem Niveau ist. Darüber hinaus entspricht diese Reduktion der immer aktuellen Forderung an die Physiker, die Einheit ihrer Wissenschaft nicht aus dem Auge zu verlieren.

Der Inhalt der hier gegebenen Darstellung der Halbleiter-Theorie gliedert sich im groben in zwei Teile, die den Kapiteln 1–5 bzw. 6–12 entsprechen. Im ersten Teil wird das Verhalten der Elektronen im idealen Kristall behandelt. Dabei wird der Einfluß einer infinitesimalen äußeren Störung auf die Elektronen betrachtet und die Theorie der optischen Eigenschaften entwickelt.

Im zweiten Teil werden Irregularitäten in der Kristallstruktur, wie Störstellen, Phononen usw., zugelassen und dann wiederum die lineare Rückäußerung der Elektronen auf von außen angelegte, konstante elektrische und magnetische Felder untersucht. Dies führt zur Theorie des elektrischen Transports und der galvanomagnetischen Erscheinungen.

Aus Gründen des sehr beschränkten Umfanges der hier gewählten Darstellung mußte die Behandlung aller Phänomene unterbleiben, die auf der Veränderung des Halbleiters durch ein starkes Magnetfeld beruhen. Aus gleichem Grunde wurde auf das eine eigene Darstellung beanspruchende, für die Applikation gerade besonders bedeutsame Gebiet der Erscheinungen an Halbleiter-Oberflächen und in dünnen Halbleiter-Schichten vollkommen verzichtet. Tatsächlich ist aber die Theorie des räumlich homogenen Halbleiters notwendige physikalische Grundlage aller jener Erscheinungen, bei denen Inhomogenitäten eine wesentliche, die Situation allerdings sehr verkomplizierende Rolle spielen.

Abschließend bedanken wir uns für die ausdauernde und sorgfältige Arbeit, die von Frau H. Egorow bei der Anfertigung des Manuskripts verrichtet wurde.

W. Brauer
H.-W. Streitwolf

Berlin, im Juni 1971

Inhaltsverzeichnis

In der kondensierten Phase tritt die Materie entweder als Festkörper oder Flüssigkeit auf. In letzterer sind große Bereiche leicht gegeneinander verschiebbar. Im Festkörper können die Bestandteile (Atome, Moleküle) streng regelmäßig angeordnet sein (kristalline Festkörper) oder aber eine nur auf atomare Entfernung beschränkte Nahordnung aufweisen (z. B. amorphe Festkörper). Wir werden in unsere Betrachtungen lediglich kristalline Festkörper und deren Volumen-Eigenschaften einbeziehen.

Bildet man aus freien Atomen einen Kristall, so wird dabei eine *Bindungsenergie* von größenordnungsmäßig

$$\frac{100\,\mathrm{kcal}}{\mathrm{Mol}} = \frac{100 \cdot 2{,}6 \cdot 10^{22}}{6 \cdot 10^{23}} \frac{\mathrm{eV}}{\mathrm{Atom}} \approx 4\,\frac{\mathrm{eV}}{\mathrm{Atom}}$$

frei. Es können bei diesem Vorgang also nur Elektronen der äußeren Schalen beeinflußt werden. Der Kristall setzt sich danach aus atomaren Ionenrümpfen und „etwas modifizierten" Valenzelektronen zusammen.

1. Kristallstruktur und Symmetrien

Im kristallinen Festkörper befinden sich die Ionenrümpfe bis auf kleine, durch die thermische Bewegung bedingte Verrückungen in Ruhelagen, deren Anordnung die ideale Kristallstruktur bestimmt.

Räumliche Symmetrien werden am zweckmäßigsten durch Deckoperationen beschrieben, die definitionsgemäß den Kristall invariant lassen. Diese Deckoperationen bilden eine Gruppe, die *Raumgruppe* des betrachteten Kristalls. Ihre Elemente sind Abbildungen des Raumes auf sich und lassen sich in der Form $\{\alpha|\boldsymbol{a}\}$ schreiben, was bedeuten soll

$$\boldsymbol{r}' = \{\alpha|\boldsymbol{a}\}\boldsymbol{r} = \alpha\boldsymbol{r} + \boldsymbol{a}.$$

α heißt Drehanteil, $\boldsymbol{a}$ Translationsanteil. α ist eine orthogonale Transformation (für reine Drehung ist $|\alpha| = 1$, für Drehinversion jedoch $|\alpha| = -1$).

Für das Produkt zweier Raumgruppenelemente erhält man

$$\{\alpha|\boldsymbol{a}\}\,\{\beta|\boldsymbol{b}\} = \{\alpha\beta|\alpha\boldsymbol{b} + \boldsymbol{a}\}.$$

Das Inverse ergibt sich also zu

$$\{\alpha|\boldsymbol{a}\}^{-1} = \{\alpha^{-1}|-\alpha^{-1}\boldsymbol{a}\}.$$

1.1. Translationsgruppe

1.1.1. Gitter

Die wichtigste Eigenschaft der Kristallstrukturen ist die räumlich periodische Anordnung ihrer Ionenrümpfe und Valenzelektronen. Der Kristall ist danach gegen bestimmte *Gittertranslationen* (ε = Einheitsdrehung)

$$\{\varepsilon|\boldsymbol{R}\}$$

invariant, wobei jeder *Gittervektor* $\boldsymbol{R}$ sich aus *Basisvektoren* $\boldsymbol{a}_i$ ($i = 1, 2, 3$) ganzzahlig linear kombinieren läßt:

$$\boldsymbol{R} = \sum_{i=1}^{3} n_i\boldsymbol{a}_i \qquad n_i \text{ ganzzahlig}$$

Die Menge der Vektoren $\boldsymbol{R}$ bildet das *Gitter* des Kristalls; es ist ein Ausdruck seiner Translationssymmetrie. Zwei Punkte $\boldsymbol{r}$ und $\boldsymbol{r}'$, die durch eine Gittertranslation auseinander hervorgehen, werden als *äquivalent* bezeichnet.

Die Basisvektoren $\boldsymbol{a}_i$ spannen eine *Elementarzelle* des Gitters auf. Sie enthält nur nichtäquivalente Punkte, und jeder andere Punkt ist äquivalent einem Punkt der Elementarzelle. Ihr Volumen ist $\Omega_0 = \boldsymbol{a}_1 (\boldsymbol{a}_2 \times \boldsymbol{a}_3)$.

Das Gitter teilt den Kristall in einander kongruente Elementarzellen auf. Die besondere Bedeutung der Elementarzelle liegt in der Tatsache, daß man bei Kenntnis der physikalischen Situation in einer Elementarzelle bereits die Physik im ganzen Kristall beherrscht.

Während das Gitter durch den Kristall eindeutig gegeben ist, kann man jedes Gitter durch verschiedene Basisvektoren aufspannen. Entsprechend kann man die Elementarzellen verschieden wählen. Die Volumina aller Elementarzellen sind jedoch gleich Ω_0. Eine besonders ausgezeichnete ist die sog. symmetrische Elementarzelle oder *Wigner-Seitz-Zelle.* Sie enthält alle Punkte, die einem bestimmten Gitterpunkt näher liegen als allen anderen. Ihre Konstruktion erfolgt also durch Errichtung von Ebenen, die die Verbindungslinien des herausgegriffenen Gitterpunktes mit seinen Nachbarn senkrecht halbieren. Man kann so den ganzen Raum mit nicht überlappenden Wigner-Seitz-Zellen ausfüllen.

Da mit $\boldsymbol{R}$ auch $-\boldsymbol{R}$ Gitterpunkt ist, wird die Wigner-Seitz-Zelle durch Ebenenpaare begrenzt, welche zum betrachteten Gitterpunkt spiegelbildlich liegen. Die Wigner-Seitz-Zelle ist also inversionssymmetrisch.

1.1.2. Reziprokes Gitter

Von mindestens der gleichen Wichtigkeit für die Kristallphysik wie das (direkte Gitter) ist das *reziproke Gitter.*

Es ist definiert durch die Menge aller Vektoren $\boldsymbol{K}$ mit

$$\boldsymbol{K}\boldsymbol{R} = 2\pi \cdot \text{(ganze Zahl)}.$$

Das reziproke Gitter läßt sich durch reziproke Basisvektoren aufspannen

$$\boldsymbol{K} = \sum_{i=1}^{3} h_i \boldsymbol{b}_i \qquad h_i \text{ ganzzahlig},$$

wenn man die $\boldsymbol{b}_i$ durch

$$\boldsymbol{b}_i \boldsymbol{a}_j = 2\pi \delta_{ij}$$

definiert. Daraus folgt

$$\boldsymbol{b}_i = \frac{2\pi}{\Omega_0} \boldsymbol{a}_j \times \boldsymbol{a}_k. \qquad (ijk) = \text{zykl } (123)$$

Man kann wieder eine symmetrische Elementarzelle definieren, die *Brillouin-Zone*. Ihr Volumen ist $(2\pi)^3/\Omega_0$. Wie die Wigner-Seitz-Zelle ist sie ein Ausdruck allein der Translationssymmetrie des Kristalls.

1.1.3. Holoedrie

Für ein beliebiges Raumgruppenelement $\{\alpha|\boldsymbol{a}\}$ und ein beliebiges Translationselement $\{\varepsilon|\boldsymbol{R}\}$ derselben Raumgruppe G gilt

$$\{\alpha|\boldsymbol{a}\}\,\{\varepsilon|\boldsymbol{R}\}\,\{\alpha|\boldsymbol{a}\}^{-1} = \{\varepsilon|\alpha\boldsymbol{R}\}. \tag{1.1}$$

Da links nur Elemente aus G stehen, gehört die Translation rechts auch zur Raumgruppe, d. h., $\alpha\boldsymbol{R}$ ist ein Gittervektor. Man bezeichnet die Menge aller in einer Raumgruppe vorkommenden Drehanteile α als die zugehörige (kristallographische) *Punktgruppe* G_0.

Obiges Ergebnis besagt dann, daß alle α der Punktgruppe das Gitter invariant lassen.

Die Menge *aller* das Gitter invariant lassenden Drehoperationen α bildet die *Holoedrie* des Gitters. Die Punktgruppe ist also eine Untergruppe der Holoedrie. Da mit

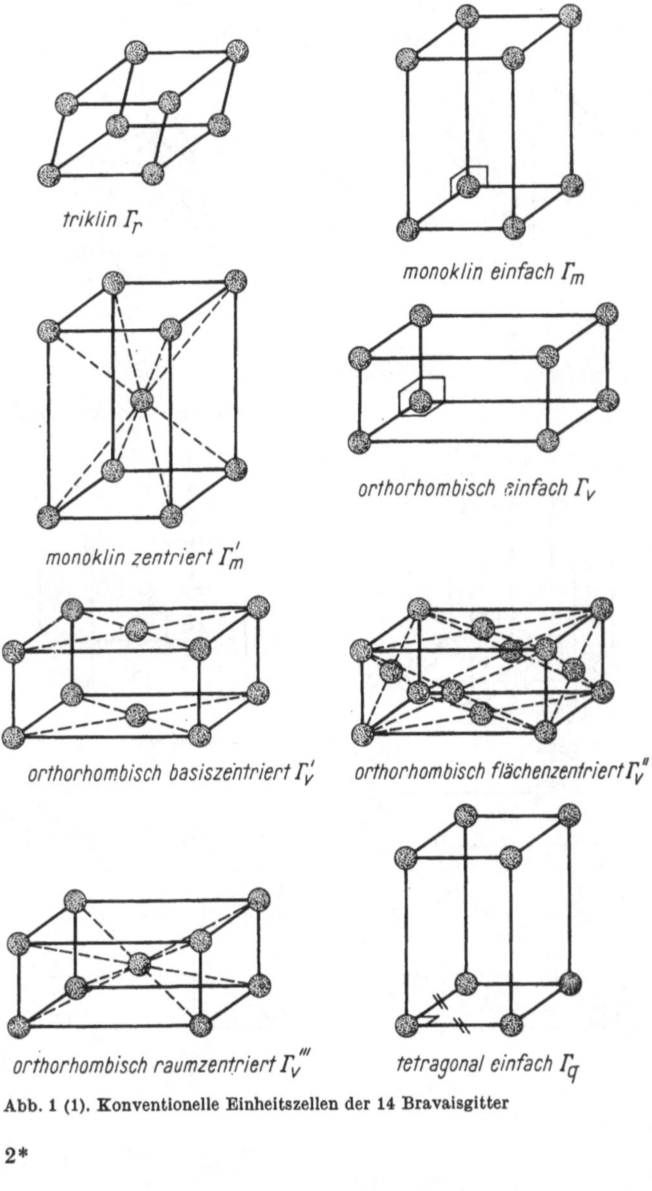

Abb. 1 (1). Konventionelle Einheitszellen der 14 Bravaisgitter

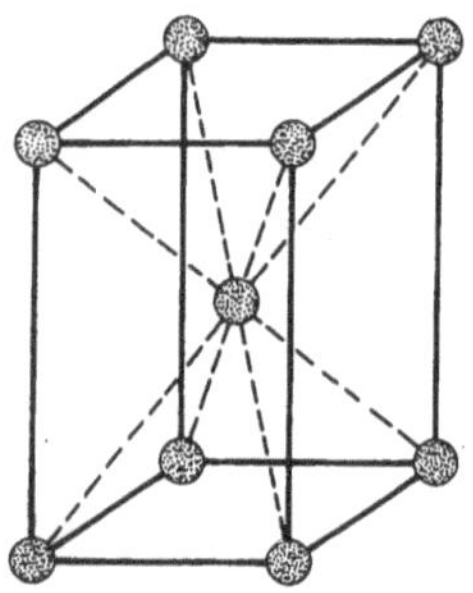

tetragonal zentriert Γ_q'

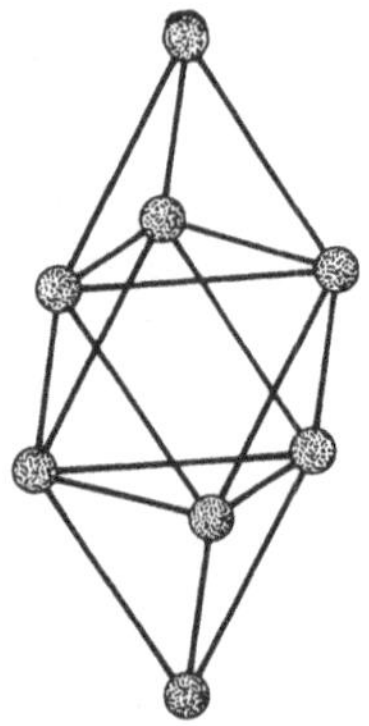

trigonal (rhomboedrisch) Γ_{rh}

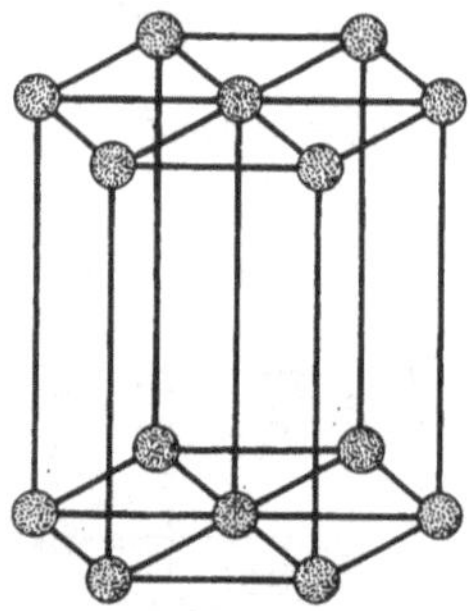

hexagonal Γ_h

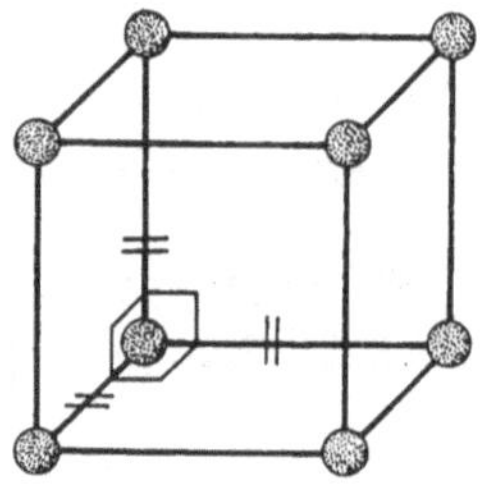

kubisch einfach Γ_c

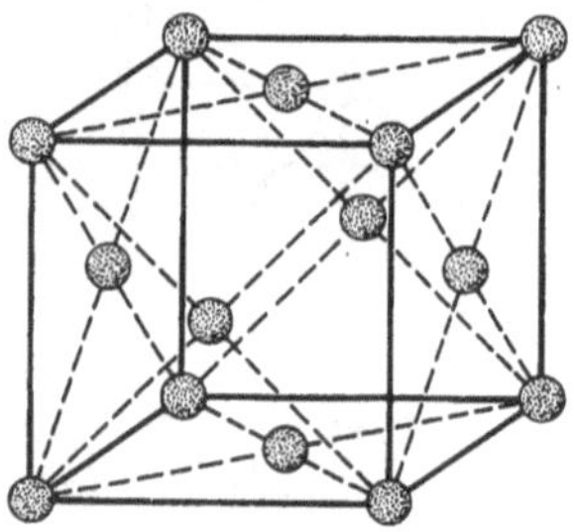

kubisch flächenzentriert Γ_c'

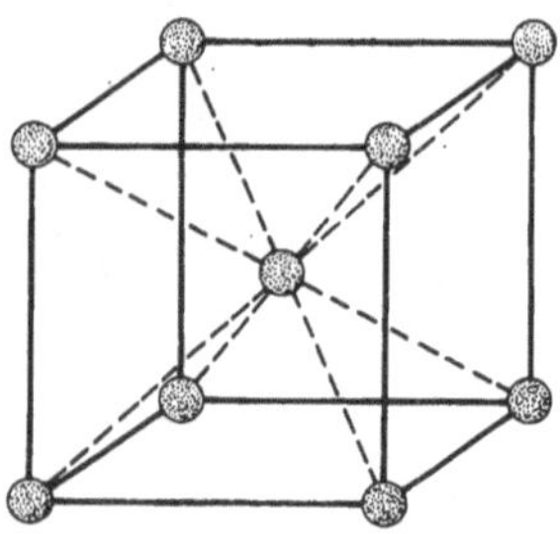

kubisch raumzentriert Γ_c''

Abb. 1 (2)

$\boldsymbol{R}$ auch $-\boldsymbol{R}$ zum Gitter gehört, enthält die Holoedrie immer die *Inversion* $\boldsymbol{i}$ (Spiegelung am Ursprung).

Es gibt 7 Holoedrien, nach denen die Kristalle in 7 *Kristallsysteme* eingeteilt werden. Zu jeder Holoedrie gibt es eine Anzahl von Gittern, die von ihr invariant gelassen werden. Insgesamt unterscheidet man 14 Gitter. Nach ihnen teilt man die Kristalle in 14 *Bravaisklassen* ein.

In Abb. 1 sind die *konventionellen Einheitszellen* der 14 Bravaisgitter dargestellt. Diese Einheitszellen sind nur für die einfachen Gitter Elementarzellen des Gitters. Für raumzentrierte und basiszentrierte Gitter umfassen sie zwei, für flächenzentrierte Gitter vier Elementarzellen. Die konventionellen Einheitszellen haben den Vorteil, daß man ihnen die Symmetrien des Gitters leichter ansieht.

Durch infinitesimale Deformation kann man unter Symmetrieverminderung von einem Gittertyp zum nächsten übergehen und so eine Hierarchie der Kristallsysteme aufstellen (Abb. 2).

Die Holoedrie des reziproken Gitters ist gleich der Holoedrie des direkten Gitters. Direktes und reziprokes Gitter gehören also zu demselben Kristallsystem. Lasse

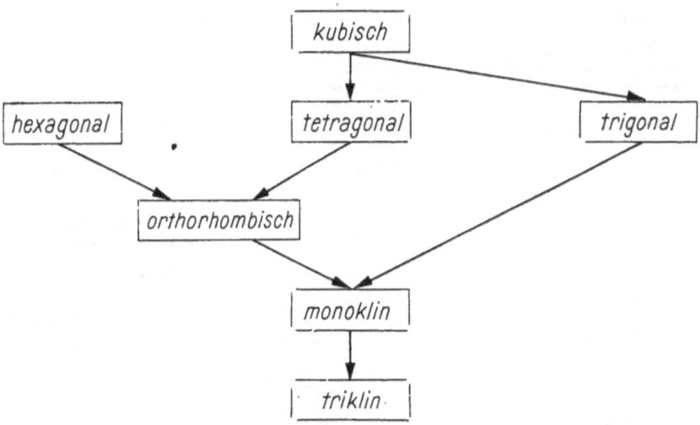

Abb. 2. Hierarchie der 7 Kristallsysteme

nämlich α das direkte Gitter invariant, dann ist $\alpha^{-1}\boldsymbol{R}$ Gittervektor, also (da α orthogonal)

$$(\alpha \boldsymbol{K}, \boldsymbol{R}) = (\boldsymbol{K}, \alpha^{-1}\boldsymbol{R}) = 2\pi \cdot (\text{ganze Zahl}),$$

d. h., $\alpha\boldsymbol{K}$ ist reziproker Gittervektor. Die Umkehrung beweist man analog.

1.1.4. Beispiel: Kubisches System

Das kubische System umfaßt drei Gitter, das primitiv kubische Gitter Γ_c, das flächenzentriert kubische Gitter (*fcc*) Γ_c' und das raumzentriert kubische Gitter (*bcc*) Γ_c''. Viele Halbleiter kristallisieren im Γ_c'-Gitter. Die Holoedrie besteht aus den 48 Elementen der Gruppe O_h:

ε (Identität)
$6\,\delta_{4x} \ldots$ (6 4zählige Drehungen um die ⟨100⟩-Achsen)
$3\,\delta_{2x} \ldots$ (3 2zählige Drehungen um die ⟨100⟩-Achsen)
$6\,\delta_{2xy} \ldots$ (6 2zählige Drehungen um die ⟨110⟩-Achsen)
$8\,\delta_{3xyz} \ldots$ (8 3zählige Drehungen um die ⟨111⟩-Achsen)

$\boldsymbol{i}$ (Inversion) $6\,\boldsymbol{i}\delta_{4x} = \sigma_{4x}$ $3\,\boldsymbol{i}\delta_{2x} = \varrho_x$[1]) $6\,\boldsymbol{i}\delta_{2xy} = \varrho_{xy}$ $8\,\boldsymbol{i}\delta_{3xyz} = \sigma_{6xyz}$

Eine Übersicht über die kubischen Gitter gibt folgende Tabelle:

Gitter	Γ_c (primitiv)	Γ_c' (*fcc*)	Γ_c'' (*bcc*)
$\boldsymbol{a}_1$	$a(1, 0, 0)$	$\frac{a}{2}(0, 1, 1)$	$\frac{a}{2}(-1, 1, 1)$
nächste Nachbarn	6	12	8 + 6 (2. Nachbarn)
Wigner-Seitz-Zelle	Würfel	Rhombendodekaeder (s. Abb. 3)	gekapptes Oktaeder (8 reguläre Sechsecke, 6 Quadrate)
Ω_0	a^3	$\frac{1}{4}a^3$	$\frac{1}{2}a^3$

[1]) ϱ_x ist die Reflexion an der (100)-Ebene.

Fortsetzung der Tabelle

Reziprokes Gitter	Γ_c (primitiv)	Γ_c'' (bcc)	Γ_c' (fcc)
$\boldsymbol{b}_1$	$\frac{2\pi}{a}(1,0,0)$	$\frac{2\pi}{a}(-1,1,1)$	$\frac{2\pi}{a}(0,1,1)$
Brillouin-Zone	Würfel	gekapptes Oktaeder (s. Abb. 3)	Rhombendodekaeder

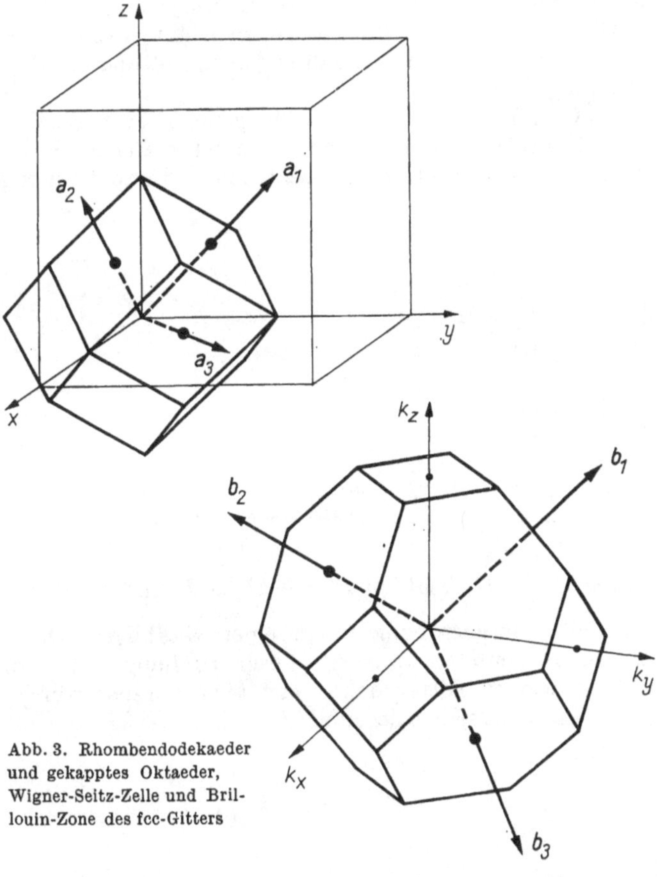

Abb. 3. Rhombendodekaeder und gekapptes Oktaeder, Wigner-Seitz-Zelle und Brillouin-Zone des fcc-Gitters

1.2. Punktgruppe

Wie bereits oben ausgeführt, umfaßt die Punktgruppe die Drehanteile aller Raumgruppenelemente und ist immer eine Untergruppe der Holoedrie. Es gibt 32 Punktgruppen. Sieben von ihnen sind Holoedrien (holoedrische Punktgruppen). Nach den Punktgruppen teilt man die Kristalle in 32 *Kristallklassen* ein.

Punktgruppen, die nur aus reinen Drehungen bestehen, nennt man Punktgruppen 1. Art, die übrigen 2. Art.

Wir betrachten die Punktgruppen 1. Art etwas näher.

Zunächst beweisen wir, daß es nur 2, 3, 4 und 6zählige Drehungen gibt.

Sei 0 (s. Abb. 4) der Durchstoßungspunkt einer n-zähligen Drehachse durch die dazu senkrechte Ebene, P der nächste Gitterpunkt. P' entsteht aus P durch Drehung

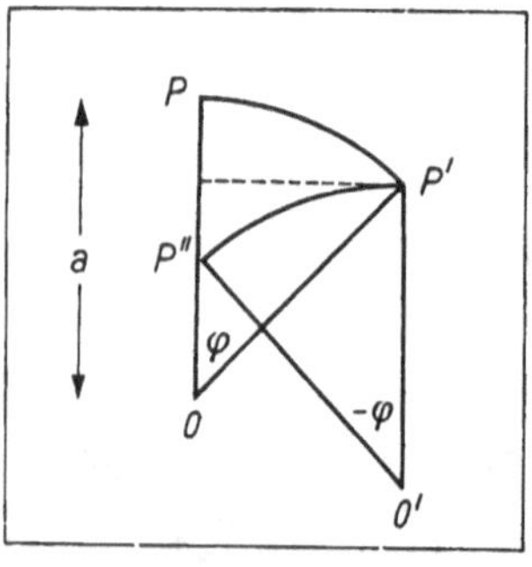

Abb. 4. siehe Text

um $\varphi = \dfrac{2\pi}{n}$. O' liegt zu P' wie O zu P und ist damit ebenfalls Durchstoßungspunkt einer n-zähligen Drehachse. P'' entsteht aus P' durch Drehung um $-\varphi$. P'' ist wie P' Gitterpunkt, darf aber voraussetzungsgemäß O nicht näher liegen als P, d. h.

$$\overline{PP''} = 2a(1 - \cos\varphi) \begin{cases} \geqq 2a \\ = a \end{cases}$$

Daraus folgt $-\cos\varphi \geqq 0$, also $n = 2, 3, 4$ (s. Abb. 5)

oder $\cos\varphi = \frac{1}{2}$, also $n = 6$.

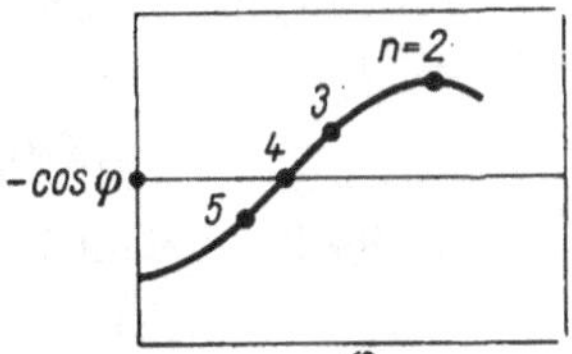

Abb. 5. siehe Text

Es sind also folgende elf Punktgruppen 1. Art möglich:

Zyklische Gruppen C_1, C_2, C_3, C_4, C_6.
Diedergruppen D_2, D_3, D_4, D_6, die reguläre n-Ecke invariant lassen. Ihre Ordnung ist $2n$, z. B. ist $D_3 = C_3 + 3\delta_2$.
Tetraeder- und *Oktaedergruppe* (T, O).

1.3. Fraktionelle Translationen

Der Kristall ist i. a. nicht invariant gegen die Operationen

$$\{\alpha|0\} \qquad \alpha \in G.$$

sondern oft muß noch eine *fraktionelle Translation* $\boldsymbol{v}_\alpha$ vorgenommen werden, damit der Kristall in sich übergeht. Also nicht $\{\alpha|0\}$ ist Element von G, sondern

$$\{\alpha|\boldsymbol{v}_\alpha\}.$$

$\boldsymbol{v}_\alpha$ ist dabei keine Gittertranslation (sonst wäre $\{\alpha|0\} \in G$). Diese fraktionellen Translationen $\boldsymbol{v}_\alpha$ hängen im Unterschied zu den α der Punktgruppe und den Gittertranslationen von der Wahl des Koordinatenursprungs ab. Zum Beispiel ist bei der Diamantstruktur die Inversion $\boldsymbol{i}$ mit unterschiedlichen Translationen verknüpft, je nachdem, ob der Ursprung in Atom- oder Standardlage (s. Abb. 6) gewählt wird.

Kristalle, die bei jeder Wahl des Ursprungs $\boldsymbol{v}_\alpha \neq 0$ für wenigstens ein α erfordern, heißen *nichtsymmorph*. Von allen 230 möglichen Raumgruppen sind nur 73 symmorph. Nur für sie gibt es also eine Ursprungswahl, so daß alle Operationen

$$\{\alpha | 0\} \qquad \alpha \in G_0$$

den Kristall invariant lassen.

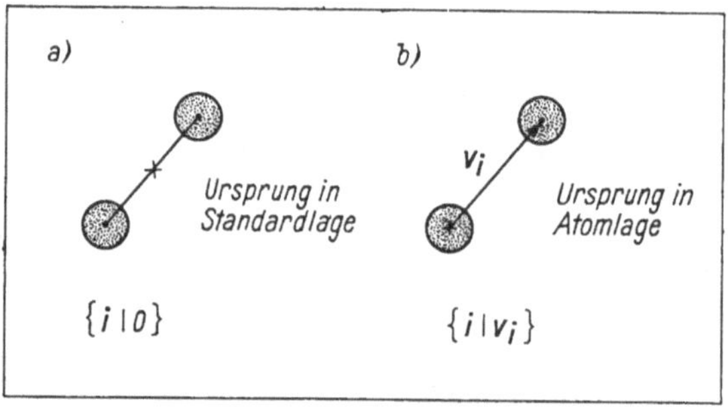

Abb. 6. Koordinatenursprung in Standardlage und in Atomlage

Die Diamantstruktur ist ein Beispiel eines nichtsymmorphen Kristalls.

Alle Elemente der Raumgruppe haben also die allgemeine Form

$$\{\alpha | \boldsymbol{v}_\alpha + \boldsymbol{R}\},$$

und man erhält sie, indem man α alle Punktgruppenelemente und $\boldsymbol{R}$ alle Gitterpunkte durchlaufen läßt.

1.4. Kristallbasis

In einer Wigner-Seitz-Zelle können ein oder mehrere Atome liegen. Im letzteren Fall spricht man von einem Kristall mit *Basis*. Beim Kristall ohne Basis ist die Punktgruppe gleich der Holoedrie und der Kristall ist symmorph.

Beim Kristall mit Basis kann man die Lage aller Atome in einer Wigner-Seitz-Zelle durch Vektoren $\boldsymbol{\tau}_s$ $(s = 1, \ldots, S)$ kennzeichnen. Ein Atom der „Sorte s“ liegt dann an allen Orten $\boldsymbol{\tau}_s + \boldsymbol{R}$ (s. Abb. 7).

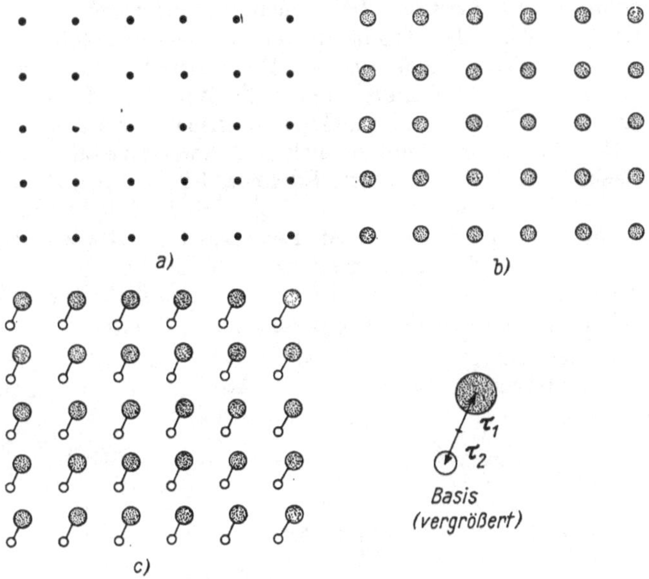

Abb. 7. Gitter (a) und Kristall ohne (b) bzw. mit Basis (c)

Hat die Basis die Symmetrie der Punktgruppe, so ist der Kristall symmorph und umgekehrt. Die Basis kann sogar die Symmetrie der Holoedrie haben, dann ist die Punktgruppe gleich der Holoedrie. Hat die Basis eine geringere Symmetrie, so braucht nur die Punktgruppe ebenfalls von dieser geringeren Symmetrie zu sein, um einen symmorphen Kristall zu liefern. Ist die Punktgruppe jedoch von höherer Symmetrie als die Basis, so ist der Kristall nichtsymmorph.

1.5. Beispiel: fcc-Gitter

Zur Erläuterung betrachten wir einige in kubisch flächenzentrierten Gittern kristallisierende Festkörper.

1. Raumgruppe O_h^5. Es handelt sich dabei um sog. holoedrische Kristalle, bei denen definitionsgemäß die Konfiguration der Atome in der Wigner-Seitz-Zelle die Symmetrie der Holoedrie hat. Die Kristalle sind daher symmorph. Die Punktgruppe fällt mit der Holoedrie zusammen. Eine derart hochsymmetrische Atomkonfiguration liegt vor, wenn es sich um einen Kristall ohne Basis handelt wie bei den Edelmetallen Kupfer, Silber und Gold oder wenn die Basis holoedrisch, d. h. von der Symmetrie der Holoedrie ist. Letzterer Fall tritt bei den Alkalihalogeniden auf, etwa beim NaCl, bei dem das Na^+-Ion sich am Punkt $\boldsymbol{\tau}^{Na} = 0$ und das Cl^--Ion bei $\boldsymbol{\tau}^{Cl} = a(1, 0, 0)$ in der Wigner-Seitz-Zelle befindet.

2. Raumgruppe O_h^7 (Diamantstruktur). Die Basis der Diamantstruktur besteht aus 2 Atomen, deren Lagen

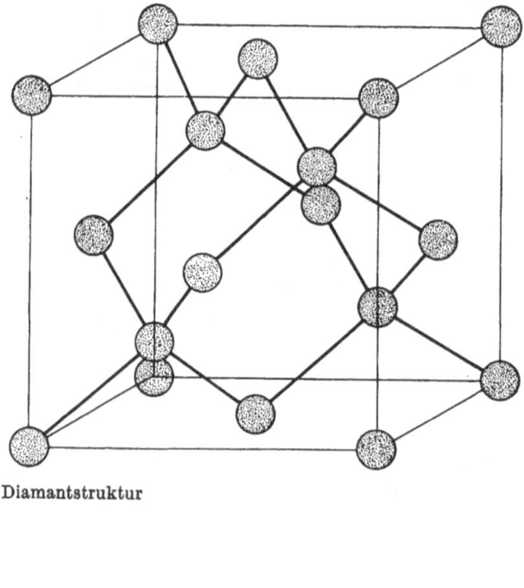

Abb. 8. Diamantstruktur

durch $\boldsymbol{\tau}_1 = 0$ und $\boldsymbol{\tau}_2 \underset{\text{def}}{=} \boldsymbol{\tau} = \frac{a}{4}(1, 1, 1) = \frac{1}{4}(\boldsymbol{a}_1 + \boldsymbol{a}_2 + \boldsymbol{a}_3)$ (d. h. Ursprung in Atomlage) gegeben werden können. Die Punktgruppe ist gleich der Holoedrie: $G_0 = O_h$. Die Basis ist jedoch nur gegen die Tetraedergruppe T_d[1]) invariant, so daß die Raumgruppe O_h^7 nicht symmorph ist. Die fraktionellen Translationen ergeben sich zu

$$\boldsymbol{v}_\alpha = \begin{cases} 0 & \alpha \in T_d \\ \boldsymbol{\tau} & \alpha \notin T_d \end{cases} \qquad \text{Ursprung in Atomlage}$$

Jedes Atom hat 4 nächste Nachbarn $T_d \cdot \boldsymbol{\tau}$, die die 4 Valenzen repräsentieren (s. Abb. 8).

Im Gegensatz zu der dichtgepackten Struktur der Edelmetalle (12 nächste Nachbarn) bezeichnet man die Diamantstruktur als eine *offene Struktur*. Definiert man als *Füllungsfaktor* das relative Volumen, das identische Kugeln einnehmen, die sich an den Ruhelagen der Kristallbausteine befinden und einander berühren, so ist dieser 74% bei der dichtgepackten Struktur, aber nur 34% bei der Diamantstruktur (s. Abb. 9).

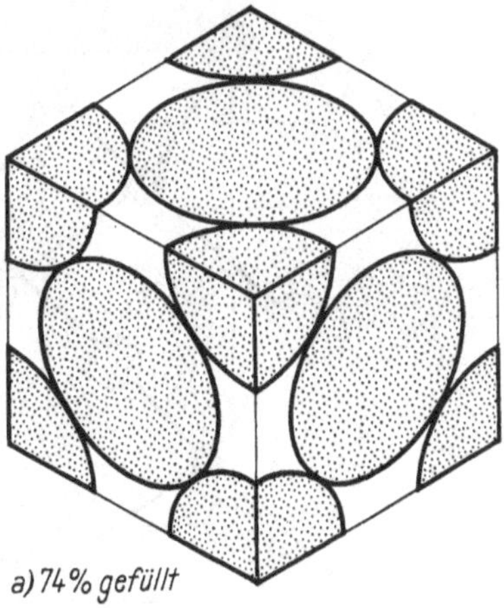

Abb. 9a. Füllungsfaktor für das fcc-Gitter ohne Basis

[1]) T_d umfaßt die Operationen ε, $3\delta_{2x}$ …, $8\delta_{3xyz}$ …, $6\sigma_{4x}$ …, $6\varrho_{xy}$ …

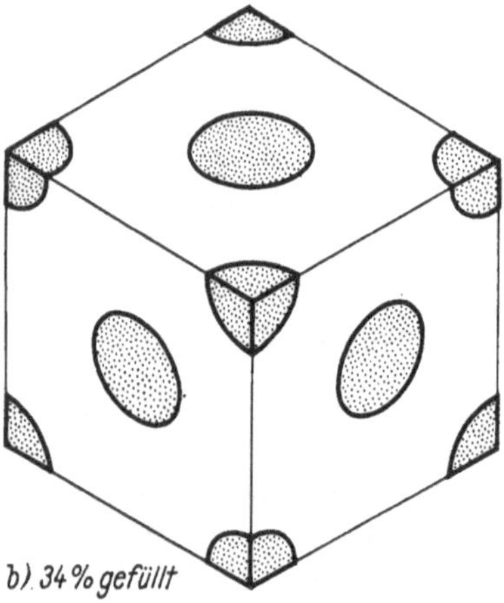

Abb. 9b. Füllungsfaktor für die Diamantstruktur

3. Raumgruppe T_d^2 (Zinkblendestruktur, Sphaleritstruktur). Die Basis besteht aus zwei verschiedenen Atomen, die sich an denselben Stellen wie bei der Diamantstruktur befinden: $\boldsymbol{\tau}_1^{\mathrm{Zn}} = 0$, $\boldsymbol{\tau}_2^{\mathrm{S}} = \boldsymbol{\tau}$ (s. Abb. 10). Die

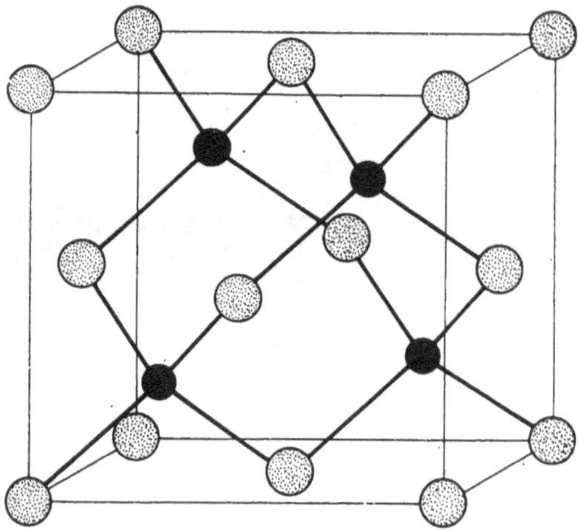

Abb. 10. Zinkblendestruktur

Punktgruppe ist T_d. Sie läßt also die Basis invariant, und der Kristall ist symmorph. In der Zinkblendestruktur kristallisieren viele III–V-Verbindungen.

2. Elektron im idealen Kristallpotential

2.1. Definition von Symmetrieoperatoren

Jeder Symmetrieoperation $a \equiv \{\alpha|\boldsymbol{a}\}$ der Raumgruppe im Ortsraum ordnen wir einen linearen *Symmetrieoperator* P_a im Hilbertraum zu, indem wir P_a durch seine Wirkung auf Ortseigenkets $|\boldsymbol{r}\rangle$ definieren:

$$P_a\,|\boldsymbol{r}\rangle = |a\boldsymbol{r}\rangle .$$

Die Operatoren P_a sind also unitär, und es gilt für den Ortsoperator

$$P_a^{-1}\,\boldsymbol{r}\,P_a = a\boldsymbol{r} .$$

Für beliebige $|\psi\rangle$ folgt dann

$$\langle\boldsymbol{r}|\,P_a\,|\psi\rangle = \langle a^{-1}\boldsymbol{r}\mid\psi\rangle$$

oder

$$P_a\psi(\boldsymbol{r}) = \psi(a^{-1}\boldsymbol{r}) .$$

Speziell gibt es *Translationsoperatoren*

$$T_{\boldsymbol{R}} = P^{-1}_{\{\varepsilon|\boldsymbol{R}\}} = P_{\{\varepsilon|-\boldsymbol{R}\}} .$$

Sie sind untereinander vertauschbar, und es gilt

$$T_{\boldsymbol{R}}\,|\boldsymbol{r}\rangle = |\boldsymbol{r}-\boldsymbol{R}\rangle ;\quad T_{\boldsymbol{R}}\psi(\boldsymbol{r}) = \psi(\boldsymbol{r}+\boldsymbol{R}) . \tag{2.1}$$

Die explizite Form der Translationsoperatoren ist

$$T_{\boldsymbol{R}} = e^{\frac{i}{\hbar}\boldsymbol{R}\boldsymbol{p}} . \tag{2.2}$$

($\boldsymbol{p}$ Impulsoperator). Aus der bekannten Beziehung $\langle\boldsymbol{r}'|\boldsymbol{p}'\rangle \sim e^{\frac{i}{\hbar}\boldsymbol{r}'\boldsymbol{p}'}$ folgt nämlich mit (2.1)

$$\langle\boldsymbol{r}'\mid T_{\boldsymbol{R}}^{-1}\mid\boldsymbol{p}'\rangle = \langle\boldsymbol{r}'-\boldsymbol{R}\mid\boldsymbol{p}'\rangle = \left\langle\boldsymbol{r}'\middle|e^{-\frac{i}{\hbar}\boldsymbol{R}\boldsymbol{p}}\middle|\boldsymbol{p}'\right\rangle .$$

2.2. Eigenwertproblem der Translationsoperatoren

Da die Translationsoperatoren miteinander vertauschbar sind, existiert für sie ein simultanes Eigenfunktionssystem. Bezeichnet man die Eigenwerte von $\boldsymbol{p}$ mit $\hbar \boldsymbol{k}$, so sind die Eigenwerte von $T_{\boldsymbol{R}}$ nach (2.2) durch $e^{i\boldsymbol{k}\boldsymbol{R}}$ gegeben. Man kann also die Eigenwerte und Eigenfunktionen von $T_{\boldsymbol{R}}$ durch einen Vektor $\boldsymbol{k}$ im reziproken Raum charakterisieren. Da die Eigenvektoren $|\boldsymbol{k}\rangle$ und $|\boldsymbol{k}+\boldsymbol{K}\rangle$ wegen $e^{i\boldsymbol{k}\boldsymbol{R}} = 1$ zu demselben Eigenwert von $T_{\boldsymbol{R}}$ gehören, kann $\boldsymbol{k}$ zur Kennzeichnung der Eigen*werte* auf einen Satz nichtäquivalenter Vektoren beschränkt werden. Wählen wir z. B. $\boldsymbol{k}$ aus der Brillouin-Zone, so sprechen wir von *reduzierten* $\boldsymbol{k}$-*Vektoren*. Im folgenden sei $\boldsymbol{k}$ immer reduziert. In Ortsdarstellung lautet also die allgemeinste, zum Eigenwert $e^{i\boldsymbol{k}\boldsymbol{R}}$ gehörige Eigenfunktion $\psi_{\boldsymbol{k}}(\boldsymbol{r})$ von $T_{\boldsymbol{R}}$

$$\begin{aligned}\psi_{\boldsymbol{k}}(\boldsymbol{r}) &= \sum_{\boldsymbol{K}} a_{\boldsymbol{k}}(\boldsymbol{K})\, e^{i(\boldsymbol{k}+\boldsymbol{K})\boldsymbol{r}} \\ &= e^{i\boldsymbol{k}\boldsymbol{r}}\, u_{\boldsymbol{k}}(\boldsymbol{r}).\end{aligned}$$

Dabei ist der *Bloch-Faktor* $u_{\boldsymbol{k}}(\boldsymbol{r})$ eine beliebige gitterperiodische Funktion:

$$u_{\boldsymbol{k}}(\boldsymbol{r}+\boldsymbol{R}) = u_{\boldsymbol{k}}(\boldsymbol{r}).$$

Diese Eigenfunktionen $\psi_{\boldsymbol{k}}(\boldsymbol{r})$ sind, wie man sagt, von *Blochscher Form.*

2.3. Blochsches Theorem

Wir betrachten ein Elektron in einem kristallsymmetrischen Potential $V_0(\boldsymbol{r})$

$$V_0(a\boldsymbol{r}) = V_0(\boldsymbol{r}) \quad \text{oder} \quad [P_a, V_0] = 0.$$

Speziell sind die Translationsoperatoren des Gitters mit V_0, also auch mit dem Hamilton-Operator $H_0 = \frac{p^2}{2m} + V_0$

vertauschbar. Es existiert demnach ein simultanes Eigenvektor-System von H_0 und $T_{\boldsymbol{R}}$, das also notwendig die Form der simultanen Eigenvektoren der Translationsoperatoren, die Blochsche Form hat. Wir können daher folgendes Theorem formulieren:

Die Eigenvektoren eines gittersymmetrischen Hamilton-Operators lassen sich in Blochscher Form schreiben.

Man beachte, daß bisher nur die Gitterperiodizität des Hamilton-Operators benutzt wurde.

2.4. Energiebänder

2.4.1. Bandindex

Außer $\boldsymbol{k}$ braucht man noch eine weitere Quantenzahl, um die Eigenwerte und Eigenfunktionen von H_0 zu charakterisieren. Dazu gehen wir mit $\psi_{\boldsymbol{k}}$ in die Eigenwert-Gleichung von H_0 ein und erhalten eine Gleichung für den Bloch-Faktor $u_{\boldsymbol{k}}(\boldsymbol{r})$:

$$E(\boldsymbol{k}) u_{\boldsymbol{k}}(\boldsymbol{r}) = e^{-i\boldsymbol{k}\boldsymbol{r}} H_0 e^{i\boldsymbol{k}\boldsymbol{r}} u_{\boldsymbol{k}}(\boldsymbol{r}) = \\ = H_0 u_{\boldsymbol{k}}(\boldsymbol{r}) - i\frac{\hbar^2}{m}(\boldsymbol{k}, \nabla_{\boldsymbol{r}}) u_{\boldsymbol{k}}(\boldsymbol{r}) + \frac{\hbar^2 k^2}{2m} u_{\boldsymbol{k}}(\boldsymbol{r}) \tag{2.3}$$

Diese Beziehung stellt für jeden Vektor $\boldsymbol{k}$ eine Eigenwert-Gleichung mit der Randbedingung $u_{\boldsymbol{k}}(\boldsymbol{r} + \boldsymbol{R}) = u_{\boldsymbol{k}}(\boldsymbol{r})$ dar. Ihre Lösungen $u_{\boldsymbol{k}\nu}(\boldsymbol{r})$ numeriert man so durch, daß für die dazu gehörigen Eigenwerte

$$E_\nu(\boldsymbol{k}) \leqq E_{\nu+1}(\boldsymbol{k})$$

für jedes $\boldsymbol{k}$ gilt. Die so festgelegten Eigenfunktionen von H_0 nennt man *Bloch-Funktionen* $\psi_{\boldsymbol{k}\nu}(\boldsymbol{r})$. ν heißt *Bandindex*.

$E_\nu(\boldsymbol{k})$ ist für festes ν eine stetige Funktion von $\boldsymbol{k}$ in der Brillouin-Zone und variiert mit $\boldsymbol{k}$ über einen bestimmten Energiebereich, ein *Energieband*.

Zur graphischen Darstellung von $E_\nu(\boldsymbol{k})$, der *Bandstruktur*, trägt man entweder $E_\nu(\boldsymbol{k})$ für jedes ν über einer festen $\boldsymbol{k}$-Richtung auf oder man konstruiert die $E_\nu(\boldsymbol{k}) =$ const-Flächen (*Energieflächen*) im $\boldsymbol{k}$-Raum bzw. deren Schnittkurven mit bestimmten Ebenen.

2.4.2. Symmetrien der Bänder und Entartungen

Die $\boldsymbol{k}$-Vektoren in der Brillouin-Zone kann man in Punkte in *symmetrischer* und Punkte in *allgemeiner Lage* einteilen. $\boldsymbol{k}$ ist in symmetrischer Lage genau dann, wenn es außer ε noch ein $\alpha \in G_0$ gibt, so daß $\alpha\boldsymbol{k} \doteq \boldsymbol{k}$ [1]) ist. Andernfalls ist $\boldsymbol{k}$ in allgemeiner Lage.

Den *Stern von* $\boldsymbol{k}$ bilden alle Vektoren $\boldsymbol{k}' \doteq \alpha\boldsymbol{k}\,(\alpha \in G_0)$. Ist $\boldsymbol{k}$ in allgemeiner Lage, so hat der Stern soviel Zacken, wie G_0 Elemente hat. Ist $\boldsymbol{k}$ in symmetrischer Lage, so ist die Anzahl der Zacken nur ein Bruchteil von g (g Ordnung der Punktgruppe).

Alle $\boldsymbol{k}$-Vektoren, die die gleiche Symmetrie haben, also von den gleichen $\alpha \in G_0$ invariant gelassen werden,

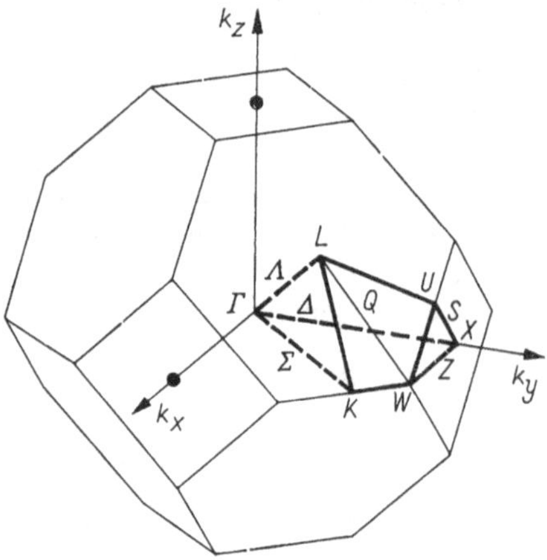

Abb. 11. Symmetrieelemente und Elementarbereich der Diamantstruktur

---

1) Das Zeichen „$\doteq$" bedeutet Äquivalenz, d. h. Gleichheit bis auf einen additiven reziproken Gittervektor.

bilden ein *Symmetrieelement* in der Brillouin-Zone, und zwar gibt es (isolierte) Symmetriepunkte, -geraden und -ebenen, die meist mit großen lateinischen bzw. griechischen Buchstaben bezeichnet werden (s. Abb. 11).

Zu jedem Wertepaar $(\boldsymbol{k}\nu)$ gibt es genau eine Eigenfunktion. Diese Eigenfunktionen können entartet sein, so daß $E_\nu(\boldsymbol{k}) = E_{\nu'}(\boldsymbol{k}')$ gilt.

Wir unterscheiden drei Typen von *Entartungen:* Bandentartung, Sternentartung und Bandüberlappung. Zu dieser Unterscheidung kommt man durch folgende Betrachtungen.

Ist $|\boldsymbol{k}\nu\rangle$ Eigenvektor von H_0 zum Eigenwert $E_\nu(\boldsymbol{k}) \equiv E_{\boldsymbol{k}\nu}$, so gilt

$$H_0 \, |\boldsymbol{k}\nu\rangle = E_{\boldsymbol{k}\nu} \, |\boldsymbol{k}\nu\rangle$$

und

$$T_{\boldsymbol{R}} \, |\boldsymbol{k}\nu\rangle = e^{i\boldsymbol{k}\boldsymbol{R}} \, |\boldsymbol{k}\nu\rangle .$$

Gehört P_a zur Raumgruppe, so ist $[P_a, H_0] = 0$ und deshalb

$$H_0 P_a \, |\boldsymbol{k}\nu\rangle = E_{\boldsymbol{k}\nu} P_a \, |\boldsymbol{k}\nu\rangle .$$

Wegen (1.1) ist weiter

$$T_{\boldsymbol{R}} P_a \, |\boldsymbol{k}\nu\rangle = e^{i(a\boldsymbol{k},\boldsymbol{R})} P_a \, |\boldsymbol{k}\nu\rangle ,$$

d. h., $P_a|\boldsymbol{k}\nu\rangle$ ist ebenfalls Eigenfunktion von $E_{\boldsymbol{k}\nu}$, gehört aber zum Ausbreitungsvektor $a\boldsymbol{k}$.

Ist nun $a\boldsymbol{k} \doteq \boldsymbol{k}$ und sind $|\boldsymbol{k}\nu\rangle$ und $P_a|\boldsymbol{k}\nu\rangle$ linear unabhängig, so laufen an der Stelle $\boldsymbol{k}$ zwei Bänder zusammen und man spricht von *Bandentartung*. Da $P_a|\boldsymbol{k}\nu\rangle$ natürlich nur für $a \neq \{\varepsilon|\boldsymbol{R}\}$ von $|\boldsymbol{k}\nu\rangle$ linear unabhängig sein kann, können symmetriebedingte Bandentartungen an allgemeinen Punkten nicht auftreten.

Ist hingegen $a\boldsymbol{k} \mathrel{\dot{\neq}} \boldsymbol{k}$ und liegt bei $a\boldsymbol{k}$ keine Bandentartung vor, z. B. wenn $\boldsymbol{k}$ und damit auch $a\boldsymbol{k}$ in allgemeiner Lage sind, so ist

$$P_a \, |\boldsymbol{k}\nu\rangle = |a\boldsymbol{k},\nu\rangle ,$$

falls man die Phasenfaktoren der Eigenfunktionen geeignet wählt. An allen Zacken eines Sterns liegen also dieselben Energieniveaus vor. Das gilt zunächst nur für allgemeine Punkte und Punkte ohne Bandentartung, läßt sich aber infolge der Stetigkeit von $E_\nu(\boldsymbol{k})$ auf alle $\boldsymbol{k}$ ausdehnen, da die symmetrischen Punkte Randpunkte von Bereichen allgemeiner Punkte sind.

Es gilt also

$$\boxed{E_\nu(\boldsymbol{k}) = E_\nu(\alpha \boldsymbol{k}). \qquad \alpha \in G_0}$$

Diese Form der Entartung nennt man *Sternentartung*. Es genügt also, die Energien an einer Sternzacke zu kennen, bzw. in einem sog. *Elementarbereich* (oder irreduziblen Bereich) der Brillouin-Zone, dessen Volumen $\frac{1}{g}$ des Volumens der Brillouin-Zone ist (g Ordnung der Punktgruppe). Für die Diamantstruktur ist der Elementarbereich in Abb. 11 wiedergegeben.

Eine nicht durch die Symmetrie bedingte, wie man sagt „zufällige“ Entartung ist die *Bandüberlappung*, wie sie in dem Bänderverlauf von Abb. 12 zu sehen ist. Bei E_1 überlappt das Band 1 mit sich selbst, bei E_2 außerdem noch mit Band 2.

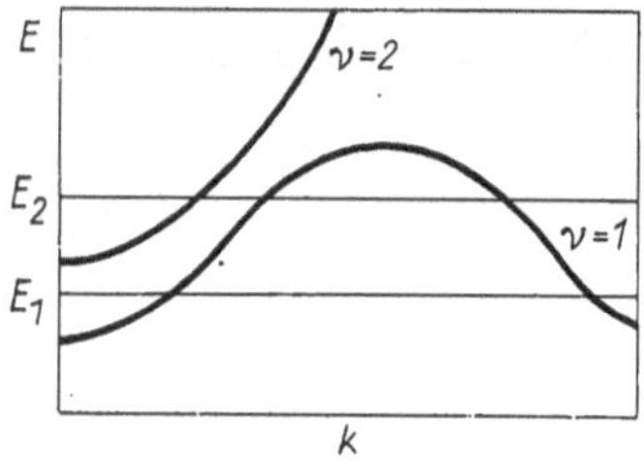

Abb. 12. Bandüberlappung

2.4.3. *Einfluß der Zeitumkehrsymmetrie*

Wir definieren den *Zeitumkehroperator* K_0 (für Systeme ohne Spin) als antilinearen und antiunitären Operator[1]), der auf die Orts-Eigenkets gemäß

$$K_0 \,|\boldsymbol{r}\rangle = |\boldsymbol{r}\rangle$$

wirkt. Offenbar ist $K_0^2 = 1$.

Dann gilt für den Orts- und Impulsoperator

$$K_0 \boldsymbol{r} = \boldsymbol{r} K_0$$
$$K_0 \boldsymbol{p} = -\boldsymbol{p} K_0 .$$

K_0 bewirkt also die Impuls-Umkehr eines Teilchens am Ort $\boldsymbol{r}$.

Zum Beweis betrachten wir etwa $\langle \boldsymbol{r}' |\, K_0 \boldsymbol{p} \,| \boldsymbol{r}''\rangle$, benutzen (2.4) und erhalten mit $K_0^+ = K_0$

$$\langle \boldsymbol{r}' |\, K_0 \boldsymbol{p} \,| \boldsymbol{r}''\rangle = \langle \boldsymbol{r}'' |\, (K_0 \boldsymbol{p})^+ \,| \boldsymbol{r}'\rangle = \langle \boldsymbol{r}'' \,| \boldsymbol{p} |\, \boldsymbol{r}'\rangle =$$
$$= -\langle \boldsymbol{r}' \,| \boldsymbol{p} |\, \boldsymbol{r}''\rangle = -\langle \boldsymbol{r}' \,| \boldsymbol{p} K_0 |\, \boldsymbol{r}''\rangle .$$

Da für beliebige $|\psi\rangle$ wegen (2.4)

$$\langle \boldsymbol{r} |\, K_0 \,| \psi\rangle = \langle \psi |\, K_0^+ \,| \boldsymbol{r}\rangle = \langle \psi | \boldsymbol{r}\rangle = \langle \boldsymbol{r} | \psi\rangle^* ,$$

so ist K_0 in der Ortsdarstellung der Operator des Komplex-Konjugierens, d. h.

$$K_0 \psi(\boldsymbol{r}) = \psi^*(\boldsymbol{r}) .$$

Der hier betrachtete Hamilton-Operator H_0 ist mit K_0 vertauschbar, so daß mit $\psi_{\boldsymbol{k}\nu}$ auch

$$K_0 \psi_{\boldsymbol{k}\nu} = e^{-i\boldsymbol{k}\boldsymbol{r}} u_{\boldsymbol{k}\nu}^*$$

---

[1]) Ein Operator A heißt antilinear, wenn

$$A(\lambda |\psi\rangle + \mu |\varphi\rangle) = \lambda^* A |\psi\rangle + \mu^* A |\varphi\rangle$$

für beliebige $|\psi\rangle$, $|\varphi\rangle$ und λ, μ gilt.

Ein antilinearer Operator A heißt antiunitär, wenn $AA^+ = A^+A = 1$ ist, wobei der zu einem antilinearen Operator A adjungierte Operatur durch

$$\langle \psi | A^+ | \varphi\rangle = \langle \varphi | A | \psi\rangle \tag{2.4}$$

definiert ist.

zur Energie $E_\nu(\boldsymbol{k})$ gehört und man allgemein

$$\boxed{E_\nu(\boldsymbol{k}) = E_\nu(-\boldsymbol{k})}$$

erhält. Die Gültigkeit dieser Relation setzt also keine spezielle Kristallsymmetrie voraus.

2.4.4. Verhalten von Energiebändern an Spiegelebenen

Spezielle Symmetrieelemente in der Brillouin-Zone sind die *Spiegelebenen*, d. h. Ebenen, deren $\boldsymbol{k}$-Vektoren durch eine Reflexion ϱ aus der Punktgruppe invariant gelassen werden. Ist $\boldsymbol{n}$ die Nomale der Spiegelebene, so ist

$$\varrho \boldsymbol{n} = -\boldsymbol{n}. \tag{2.5}$$

Da ferner $E(\boldsymbol{k}) = E(\varrho \boldsymbol{k})$, so folgt

$$\nabla_k E = \nabla_k E|_{\varrho k} \cdot \varrho .$$

Multipliziert man diese Beziehung mit $\boldsymbol{n}$, beachtet (2.5) und läßt $\boldsymbol{k}$ gegen ein $\boldsymbol{k}_0$ in der Spiegelebene gehen (s. Abb. 13) ($\varrho \boldsymbol{k}_0 = \boldsymbol{k}_0$), so ist

$$(\nabla_k E, \boldsymbol{n}) = -(\nabla_k E, \boldsymbol{n}) \qquad \text{für } \boldsymbol{k} = \boldsymbol{k}_0$$

oder

$$(\boldsymbol{n}, \nabla_k E) = 0$$

für alle $\boldsymbol{k}$ in der Spiegelebene, für die $\nabla_k E$ existiert.

Die Energieflächen schneiden also Spiegelebenen senkrecht, falls nicht Bandentartung[1]) vorliegt oder $\nabla_k E = 0$ ist. Insbesondere können Brillouinsche Zonengrenzen Spiegelebenen sein, so daß die Energieflächen diese Ebenen senkrecht schneiden. Während in kubisch raumzentrierten Kristallen die Energieflächen deswegen alle

[1]) An Punkten mit Bandentartung ist $\nabla_k E$ im allgemeinen nicht definiert.

Brillouinschen Zonengrenzen senkrecht durchsetzen, gilt das in kubisch flächenzentrierten Kristallen nur für die quadratischen Flächen (s. Abb. 11) sowie für die Punkte Q („Speichen") der hexagonalen Flächen.

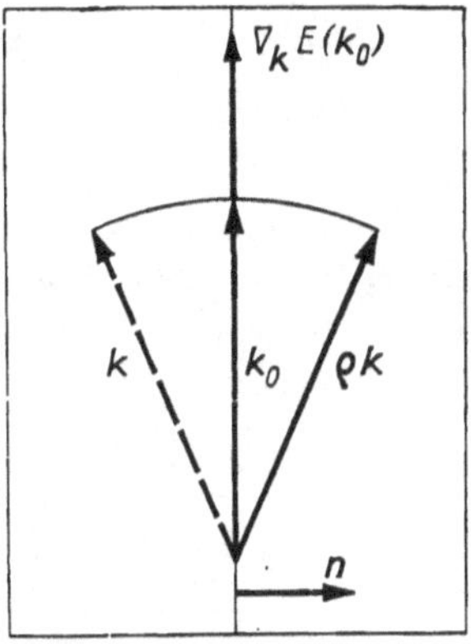

Abb. 13. siehe Text

2.5. *Periodische Randbedingung*

Wir legen im Folgenden das Orthonormierungsvolumen Ω der Bloch-Funktionen fest und führen dazu die *periodische Randbedingung* ein. Man fordert für jegliche Ortsfunktion $\Phi(\boldsymbol{r})$ im Kristall die Periodizität

$$\Phi(\boldsymbol{r} + G\boldsymbol{a}_i) = \Phi(\boldsymbol{r}), \tag{2.6}$$

G ist dabei eine positive „große" ganze Zahl.

Der gesamte unendlich ausgedehnte Kristall wird dadurch in Periodizitätsvolumina $\Omega = G^3\Omega_0$ eingeteilt, in denen sich die gleichen physikalischen Vorgänge abspielen. Diese bis zu einem gewissen Grade künstliche Periodizität wird um so unerheblicher sein, je größer man G wählt.

Sei speziell $\Phi(\boldsymbol{r})$ in (2.6) eine blochartige Funktion

$$\Phi(\boldsymbol{r}) = e^{i\boldsymbol{k}\boldsymbol{r}} u(\boldsymbol{r}),$$

so muß

$$G\boldsymbol{k}\boldsymbol{a}_i = 2\pi m_i \qquad m_i \text{ ganzzahlig}$$

erfüllt sein.

Die (formale) periodische Randbedingung läßt somit für die Vektoren $\boldsymbol{k}$ nur eine diskrete Mannigfaltigkeit zu:

$$\boldsymbol{k} = \sum_{i=1}^{3} \frac{m_i}{G} \boldsymbol{b}_i .$$

Dadurch entsteht in der Brillouin-Zone eine zusätzliche Feingitterstruktur, die um so engmaschiger wird, je größer G gewählt ist (s. Abb. 14).

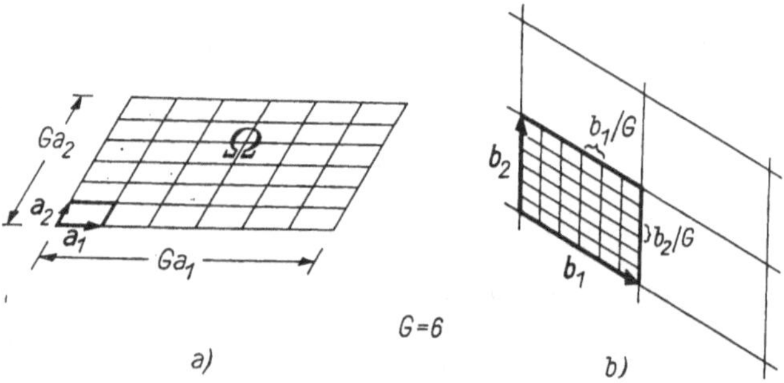

Abb. 14. Periodizitätsvolumen im direkten Gitter (a) und Feingitterstruktur im reziproken Raum (b)

Da das Volumen einer Fein-Zelle $\frac{(2\pi)^3}{G^3 \Omega_0} = \frac{(2\pi)^3}{\Omega}$ beträgt, so ist die *Zustandsdichte im $\boldsymbol{k}$-Raum* gleich $\frac{\Omega}{(2\pi)^3}$. Daraus ergibt sich für den Übergang von Summen über diskrete $\boldsymbol{k}$-Vektoren zu Integralen:

$$\sum_{\boldsymbol{k}} \varphi(\boldsymbol{k}) = \frac{\Omega}{8\pi^3} \int \varphi(\boldsymbol{k}) \, \mathrm{d}^3\boldsymbol{k} .$$

Bei Berücksichtigung des Elektronenspins tritt ein Faktor 2 hinzu, d. h., die Zahl der Zustände in einem

Band im Intervall $\mathrm{d}^3\boldsymbol{k}$ ist gleich $\frac{\Omega}{4\pi^3}\,\mathrm{d}^3\boldsymbol{k}$, die Gesamtzahl der Zustände in der Brillouin-Zone also $\frac{\Omega}{4\pi^3}\,\frac{(2\pi)^3}{\Omega_0} = 2G^3$.

Wir wollen jetzt die Bloch-Funktionen im Periodizitätsvolumen Ω so normieren, daß die Blochfaktoren in der Elementarzelle normiert sind:

$$\boxed{\psi_{\boldsymbol{k}\nu}(\boldsymbol{r}) = \frac{1}{\sqrt{\Omega}}\, u_{\boldsymbol{k}\nu}(\boldsymbol{r})\, e^{i\boldsymbol{k}\boldsymbol{r}}.} \tag{2.7}$$

Mit (A 1.2) ist nämlich

$$\int\limits_{\Omega} \psi^*_{\boldsymbol{k}'\nu'}(\boldsymbol{r})\,\psi_{\boldsymbol{k}\nu}(\boldsymbol{r})\,\mathrm{d}^3\boldsymbol{r} = \delta_{\boldsymbol{k}'\boldsymbol{k}}\,\frac{1}{\Omega_0}\int\limits_{\Omega_0} u^*_{\boldsymbol{k}\nu'}(\boldsymbol{r})\,u_{\boldsymbol{k}\nu}(\boldsymbol{r})\,\mathrm{d}^3\boldsymbol{r},$$

so daß die Forderung nach Orthonormierung der Bloch-Funktionen in Ω

$$\frac{1}{\Omega_0}\int\limits_{\Omega_0} u^*_{\boldsymbol{k}\nu'}(\boldsymbol{r})\,u_{\boldsymbol{k}\nu}(\boldsymbol{r})\,\mathrm{d}^3\boldsymbol{r} = \delta_{\nu'\nu}$$

ergibt.

2.6. Energetische Zustandsdichte. Kritische Punkte

Neben der vom speziellen $V_0(\boldsymbol{r})$ unabhängigen Zustandsdichte im $\boldsymbol{k}$-Raum betrachtet man die wesentlich wichtigere *energetische Zustandsdichte* $N(E)$. Diese liefert die im Energieeinheitsintervall liegende Anzahl von stationären Quantenzuständen. Einen Zusammenhang zwischen den Funktionen $N(E)$ und $E_\nu(\boldsymbol{k})$ finden wir durch die Betrachtung zweier benachbarter Energieflächen bei E. Offenbar ist (Abb. 15)

$$\mathrm{d}^3\boldsymbol{k} = (\overrightarrow{\mathrm{d}f}, \overrightarrow{\mathrm{d}l}) = \frac{\mathrm{d}f}{|\nabla_{\boldsymbol{k}} E|} (\nabla_{\boldsymbol{k}} E, \overrightarrow{\mathrm{d}l}) = \frac{\mathrm{d}f\, \mathrm{d}E}{|\nabla_{\boldsymbol{k}} E|}.$$

Fassen wir nur die zu einem Band ν gehörige Zustandsdichte $N_\nu(E)$ ins Auge, so ist

$$N_\nu(E) = \frac{\Omega}{4\pi^3} \int\limits_{E_\nu(\boldsymbol{k})=E} \frac{\mathrm{d}f}{|\nabla_{\boldsymbol{k}} E_\nu(\boldsymbol{k})|} = \frac{\Omega}{4\pi^3} \int \mathrm{d}^3\boldsymbol{k}\; \delta\big(E - E_\nu(\boldsymbol{k})\big). \tag{2.8}$$

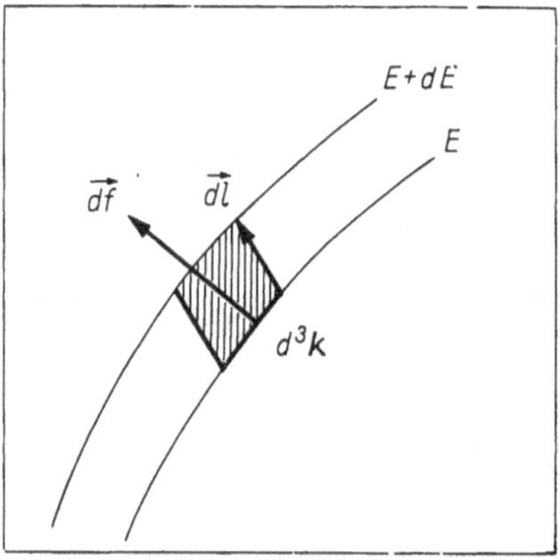

Abb. 15. siehe Text

Die gesamte energetische Zustandsdichte ist dann

$$N(E) = \sum_\nu N_\nu(E).$$

Sie wird allein durch die Bandstruktur bestimmt; besonders große Beiträge zu $N_\nu(E)$ werden dabei häufig von jenen Bereichen kommen, in denen die Bänder „flach" sind. Eine besondere Rolle spielen in diesem Zusammenhang die *kritischen Punkte* $\nabla_{\boldsymbol{k}} E_\nu(\boldsymbol{k}) = 0$

Untersuchen wird deshalb jetzt den Verlauf der Zustandsdichte in der Nähe eines kritischen Punktes $\boldsymbol{k}_0$.

Dazu entwickeln wir $E_\nu(\boldsymbol{k})$ in der Nähe von $\boldsymbol{k}_0$ nach $\varkappa = \boldsymbol{k} - \boldsymbol{k}_0$. Wegen $\nabla_{\boldsymbol{k}} E_\nu(\boldsymbol{k})|_{\boldsymbol{k}=\boldsymbol{k}_0} = 0$ ist dann

$$E_\nu(\boldsymbol{k}) = E_\nu(\boldsymbol{k}_0) + \frac{\hbar^2}{2} \sum_{i,j} [\mathsf{m}_\nu^{*-1}(\boldsymbol{k}_0)]_{ij} \, \varkappa_i \varkappa_j + O(\varkappa^3), \qquad (2.9)$$

wobei

$$\boxed{[\mathsf{m}_\nu^{*-1}(\boldsymbol{k})]_{ij} = \frac{1}{\hbar^2} \frac{\partial^2 E_\nu(\boldsymbol{k})}{\partial k_i \, \partial k_j}} \qquad (2.10)$$

als der reziproke *Effektivmassentensor* für das Band ν an der Stelle $\boldsymbol{k}$ bezeichnet wird.

Im Hauptachsensystem von $\mathsf{m}_\nu^{*-1}(\boldsymbol{k}_0)$ transformiert sich (2.9) in

$$E_\nu(\boldsymbol{k}) = E_\nu(\boldsymbol{k}_0) + \sum_i \frac{\hbar^2 \varkappa_i^2}{2 m_i^*} + O(\varkappa^3). \qquad (2.11)$$

Die *effektiven Massen* m_i^* können positiv oder negativ sein.

Man unterscheidet 4 Arten kritischer Punkte, und zwar M_i ($i = 0, 1, 2, 3$), entsprechend der Anzahl i der negativen effektiven Massen. M_0 ist ein Bandminimum, M_3 ein Maximum, M_1 und M_2 sind Sattelpunkte.

Die Zustandsdichte in der Nähe eines Minimums (M_0-Punkt) ergibt sich mit der Entwicklung (2.11) von $E_\nu(\boldsymbol{k})$ zu

$$N_\nu^{(M_0)}(E) = \frac{\Omega}{4\pi^3} \int \mathrm{d}^3\boldsymbol{k} \, \delta\left(E - E_\nu(\boldsymbol{k}_0) - \sum_i \frac{\hbar^2 \varkappa_i^2}{2 m_i^*}\right) =$$
$$= \frac{\Omega \sqrt{8 m_1^* m_2^* m_3^*}}{2\pi^2 \hbar^3} \sqrt{E - E_\nu(\boldsymbol{k}_0)} \, \Theta\big(E - E_\nu(\boldsymbol{k}_0)\big).^{1)} \qquad (2.12)$$

[1]) $\Theta(x)$ ist die durch

$$\Theta(x) = \begin{cases} 0 \text{ für } x < 0 \\ 1 \text{ für } x \geqq 0 \end{cases}$$

definierte Sprungfunktion.

Ähnliche wurzelförmige Abhängigkeiten erhält man für die anderen kritischen Punkte (s. Abb. 16).

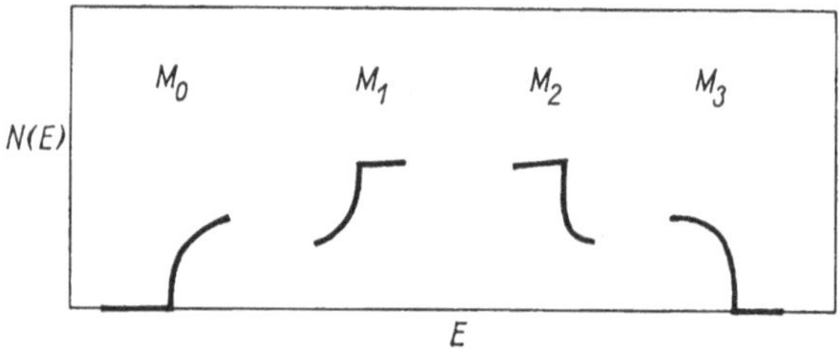

Abb. 16. Verlauf der Zustandsdichte an kritischen Punkten

2.7. Impulsmessung. Erwartungswert des Impulses. f-Summensatz

Um zu einer vertieften Vorstellung vom physikalischen Charakter der Bloch-Funktionen zu kommen, stellen wir die Frage nach dem Verhalten eines Bloch-Elektrons bei einer Impuls-Messung. Da das Bloch-Elektron nicht frei ist, beschreiben die Bloch-Funktionen keinen scharfen Impulseigenzustand, d. h. die Impuls-Meßwerte müssen streuen. Die Wahrscheinlichkeit für das Auftreten des Meßwertes $\boldsymbol{p}'$ im Zustand $\psi_{\boldsymbol{k}\nu}(\boldsymbol{r})$ ist

$$P_{\boldsymbol{p}',\boldsymbol{k}\nu} = \frac{1}{\Omega}\left|\int\limits_{\Omega} e^{-\frac{i}{\hbar}\boldsymbol{p}'\boldsymbol{r}}\,\psi_{\boldsymbol{k}\nu}(\boldsymbol{r})\,\mathrm{d}^3\boldsymbol{r}\right|^2.$$

Entwickelt man nun die Bloch-Funktion nach Impuls-eigenfunktionen

$$\psi_{\boldsymbol{k}\nu}(\boldsymbol{r}) = \frac{1}{\sqrt{\Omega}}\, e^{i\boldsymbol{k}\boldsymbol{r}} \sum_{\boldsymbol{K}} a_{\boldsymbol{k}\nu}(\boldsymbol{K})\, e^{i\boldsymbol{K}\boldsymbol{r}},$$

so erhält man nach (A 1.2)

$$P_{\boldsymbol{p}',\boldsymbol{k}\nu} = \begin{cases} |a_{\boldsymbol{k}\nu}(\boldsymbol{K})|^2 & \text{für } \boldsymbol{p}' = \hbar(\boldsymbol{k}+\boldsymbol{K}) \\ 0 & \text{sonst.} \end{cases}$$

Die einzig möglichen Impulsmeßwerte am $\psi_{\boldsymbol{k}\nu}(\boldsymbol{r})$-Elektron sind demnach $\hbar(\boldsymbol{k}+\boldsymbol{K})$, das (reduzierte) $\boldsymbol{k}$ bestimmt also den kleinstmöglichen. Die jeweiligen Meßwahrscheinlichkeiten selbst werden durch die Fourier-Koeffizienten des Bloch-Faktors bestimmt.

Es erhebt sich damit die Frage nach dem Impulserwartungswert im Zustand $\psi_{\boldsymbol{k}\nu}(\boldsymbol{r})$, d. h. nach $\langle \boldsymbol{k}\nu | \boldsymbol{p} | \boldsymbol{k}\nu\rangle$. Eine einfache Rechnung ergibt (A 2.2)

$$\boxed{\langle \boldsymbol{k}\nu \mid \boldsymbol{p} \mid \boldsymbol{k}\nu\rangle = \frac{m}{\hbar} \nabla_{\boldsymbol{k}} E_\nu(\boldsymbol{k}).}$$

Der Impulserwartungswert ist also allein durch die Bandstruktur gegeben. Seine Richtung stimmt mit der der Energieflächennormalen überein.

Ein anderer wichtiger Zusammenhang besteht zwischen den 2. Ableitungen der Bandstruktur $E_\nu(\boldsymbol{k})$, also dem reziproken Effektivmassentensor, und dem Tensor der *Oszillatorstärken*

$$f^{ij}_{\boldsymbol{k}\nu\nu'} = \frac{i}{\hbar}\left[x^i_{\boldsymbol{k}\nu\nu'} p^j_{\boldsymbol{k}\nu'\nu} - x^i_{\boldsymbol{k}\nu'\nu} p^j_{\boldsymbol{k}\nu\nu'}\right] \qquad \nu \neq \nu', \tag{2.13}$$

wobei

$$p^j_{\boldsymbol{k}\nu\nu'} = \langle \boldsymbol{k}\nu | p_j | \boldsymbol{k}\nu'\rangle$$

$$x^i_{\boldsymbol{k}\nu\nu'} = \langle \boldsymbol{k}\nu | x_i | \boldsymbol{k}\nu'\rangle \qquad \nu \neq \nu'.$$

Es gilt nämlich der *f-Summensatz* (A 2.3)

$$\boxed{\sum_{\nu'}{}' f^{ij}_{\boldsymbol{k}\nu'\nu} = \delta_{ij} - \left[\mathsf{m}^{*-1}_\nu(\boldsymbol{k})\right]_{ij} m.} \tag{2.14}$$

3. Lineare Abschirmung

Im thermodynamischen Gleichgewicht sind die Elektronen gemäß der *Fermischen Verteilungsfunktion*

$$f_0(E) = \frac{1}{e^{\frac{E-\zeta}{k_B T}} + 1}$$

über die Energiezustände verteilt. ζ ist das *chemische Potential.* Stört man das Gleichgewicht durch irgendeine äußere Ladungsdichte $\varrho^{\text{ext}}(\boldsymbol{r}, t)$, so wird in dem Halbleiter zusätzlich eine Ladungsdichte $\varrho^{\text{ind}}(\boldsymbol{r}, t)$ induziert. Wir untersuchen jetzt den Zusammenhang zwischen beiden Ladungsdichten.

Die gesamte Ladungsdichte des durch den statistischen Operator W beschriebenen Halbleiters ist durch

$$\varrho(\boldsymbol{r}', t) = \varrho^{\text{eq}}(\boldsymbol{r}') + \varrho^{\text{ind}}(\boldsymbol{r}', t) = e\,\text{Sp}\{W\delta(\boldsymbol{r} - \boldsymbol{r}')\} \tag{3.1}$$

gegeben, wobei $\varrho^{\text{eq}}(\boldsymbol{r})$ die im Gleichgewicht vorhandene Ladungsdichte bedeutet. Die Bewegungsgleichung des statistischen Operators lautet

$$i\hbar \frac{\partial W}{\partial t} = [H, W]$$

und enthält mit $H = H_0 + e\varphi(\boldsymbol{r}, t)$ das seinerseits durch $\varrho(\boldsymbol{r}, t)$ bestimmte selbstkonsistente Störpotential

$$\varphi(\boldsymbol{r}, t) = \varphi^{\text{ext}}(\boldsymbol{r}, t) + \varphi^{\text{ind}}(\boldsymbol{r}, t). \tag{3.2}$$

Man sagt dazu, die induzierte Ladungsdichte der Halbleiterelektronen schirme die äußere Ladungsdichte ab, so daß aus φ^{ext} das *abgeschirmte Potential* φ entsteht. Zur Berechnung dieses Potentials spalten wir von W zunächst den Gleichgewichtsanteil $W^{(0)}$ ab:

$$W = W^{(0)} + W^{(1)}.$$

Dieser erfüllt

$$W^{(0)} |\boldsymbol{k}\nu\rangle = f_0(E_{\boldsymbol{k}\nu}) \, |\boldsymbol{k}\nu\rangle,$$

so daß die in der Störung linearisierte Bewegungsgleichung für $W^{(1)}(t)$ wie folgt lautet:

$$i\hbar \frac{\partial W^{(1)}}{\partial t} = [H_0, W^{(1)}] + [e\varphi, W^{(0)}]. \tag{3.3}$$

Das Störpotential schalten wir gemäß

$$\varphi(t) = \varphi e^{\eta t} \qquad (\eta > 0)$$

adiabatisch ein, so daß es bei $t = -\infty$ verschwindet und bei $t = 0$ seinen vollen Wert erreicht. Zum Schluß der Rechnung lassen wir η gegen 0 streben. Wir setzen dann

$$W^{(1)}(t) = \int\limits_{-\infty}^{\infty} \frac{\mathrm{d}\omega}{2\pi} e^{-i\omega t + \eta t} W^{(1)}(\omega)$$

und erhalten nach einer zeitlichen Fourier-Transformation in der Blochdarstellung

$$[\hbar(\omega + i\eta) - E_{\boldsymbol{k}\nu} + E_{\boldsymbol{k}'\nu'}] \langle \boldsymbol{k}\nu | W^{(1)}(\omega) | \boldsymbol{k}'\nu'\rangle =$$
$$= e \langle \boldsymbol{k}\nu | \varphi(\boldsymbol{r}, \omega) | \boldsymbol{k}'\nu'\rangle [f_0(E_{\boldsymbol{k}'\nu'}) - f_0(E_{\boldsymbol{k}\nu})]. \tag{3.4}$$

Geht man mit dem aus (3.4) erhaltenen Ausdruck für $W^{(1)}$ in (3.1) ein und führt mittels

$$\varphi(\boldsymbol{r}, \omega) = \frac{1}{\Omega} \sum_{\boldsymbol{q},\boldsymbol{K}} e^{i(\boldsymbol{q}+\boldsymbol{K})\boldsymbol{r}} \varphi(\boldsymbol{q} + \boldsymbol{K}, \omega)$$

eine räumliche Fourier-Transformation durch, so folgt für die induzierte Ladungsdichte (mit (A 1.2))

$$\varrho^{\text{ind}}(\boldsymbol{q}+\boldsymbol{K},\omega)$$
$$= e^2 \sum_{\substack{\boldsymbol{k}\nu \\ \boldsymbol{k}'\nu'}} \frac{1}{\Omega} \sum_{\boldsymbol{K}'} \langle \boldsymbol{k}\nu|\, e^{i(\boldsymbol{q}+\boldsymbol{K}')\boldsymbol{r}} |\boldsymbol{k}'\nu'\rangle \langle \boldsymbol{k}'\nu'|e^{-i(\boldsymbol{q}+\boldsymbol{K})\boldsymbol{r}}|\, \boldsymbol{k}\nu\rangle$$
$$\varphi(\boldsymbol{q}+\boldsymbol{K}',\omega)\, \frac{f_0(E_{\boldsymbol{k}'\nu'}) - f_0(E_{\boldsymbol{k}\nu})}{E_{\boldsymbol{k}'\nu'} - E_{\boldsymbol{k}\nu} + \hbar(\omega + i\eta)}. \tag{3.5}$$

Offenbar wird also die induzierte Ladungsdichte $\varrho^{\text{ind}}(\boldsymbol{q}+\boldsymbol{K},\omega)$ von allen Komponenten des selbstkonsistenten Störpotentials $\varphi(\boldsymbol{q}+\boldsymbol{K}',\omega)$ bestimmt. Wir nehmen an, daß der wesentliche Beitrag zu der $\boldsymbol{K}'$-Summe von dem Term $\boldsymbol{K}'=\boldsymbol{K}$ herrührt. Die Terme $\boldsymbol{K}' \neq \boldsymbol{K}$ bilden die sogenannten *Lokalfeldkorrekturen.* Im Unterschied zu den Metallen sind sie bei den Halbleitern jedoch meist nicht zu vernachlässigen.

Mit der Poissongleichung

$$\varphi^{\text{ind}}(\boldsymbol{q}+\boldsymbol{K},\omega) = \frac{4\pi}{(\boldsymbol{q}+\boldsymbol{K})^2}\, \varrho^{\text{ind}}(\boldsymbol{q}+\boldsymbol{K},\omega)$$

kann man (3.5) in der Form

$$\varphi^{\text{ind}}(\boldsymbol{q}+\boldsymbol{K},\omega) = \frac{4\pi e^2}{(\boldsymbol{q}+\boldsymbol{K})^2\Omega} \sum_{\boldsymbol{K}'} P_{\boldsymbol{K}\boldsymbol{K}'}(\boldsymbol{q},\omega)\, \varphi(\boldsymbol{q}+\boldsymbol{K}',\omega) \tag{3.6}$$

schreiben, wobei

$$P_{\boldsymbol{K}\boldsymbol{K}'}(\boldsymbol{q},\omega) = \lim_{\eta\to+0} \sum_{\substack{\boldsymbol{k}\nu \\ \boldsymbol{k}'\nu'}} \langle \boldsymbol{k}\nu|\, e^{i(\boldsymbol{q}+\boldsymbol{K}')\boldsymbol{r}} |\boldsymbol{k}'\nu'\rangle$$
$$\langle \boldsymbol{k}'\nu'|\, e^{-i(\boldsymbol{q}+\boldsymbol{K})\boldsymbol{r}} |\boldsymbol{k}\nu\rangle\, \frac{f_0(E_{\boldsymbol{k}'\nu'}) - f_0(E_{\boldsymbol{k}\nu})}{E_{\boldsymbol{k}'\nu'} - E_{\boldsymbol{k}\nu} + \hbar(\omega + i\eta)} \tag{3.7}$$

ist. Das selbstkonsistente Potential $\varphi(\boldsymbol{q}+\boldsymbol{K},\omega)$ ergibt sich also zu

$$\varphi(\boldsymbol{q}+\boldsymbol{K},\omega) = \sum_{\boldsymbol{K}'} \varepsilon^{-1}_{\boldsymbol{K}\boldsymbol{K}'}(\boldsymbol{q},\omega)\, \varphi^{\text{ext}}(\boldsymbol{q}+\boldsymbol{K}',\omega), \tag{3.8}$$

wobei $\varepsilon^{-1}_{KK'}(\boldsymbol{q}, \omega)$ das Inverse der Matrix

$$\varepsilon_{KK'}(\boldsymbol{q}, \omega) = \delta_{KK'} - \frac{4\pi e^2}{(\boldsymbol{q}+\boldsymbol{K})^2 \Omega} P_{KK'}(\boldsymbol{q}, \omega)$$

ist.

Bei Vernachlässigung der Lokalfeldkorrekturen ist diese Matrix diagonal, und es gilt

$$\varepsilon^{-1}_{KK'}(\boldsymbol{q}, \omega) = \frac{\delta_{KK'}}{1 - \dfrac{4\pi e^2}{(\boldsymbol{q}+\boldsymbol{K})^2 \Omega} P_{KK}(\boldsymbol{q}, \omega)}.$$

In diesem Fall wird also jede Fourier-Komponente $\varphi^{\text{ext}}(\boldsymbol{q}+\boldsymbol{K}, \omega)$ unabhängig von allen anderen abgeschirmt, und zwar durch Division mit der *Abschirmfunktion*

$$\boxed{\varepsilon(\boldsymbol{q}+\boldsymbol{K}, \omega) = 1 - \frac{4\pi e^2}{(\boldsymbol{q}+\boldsymbol{K})^2 \Omega} P_{KK}(\boldsymbol{q}, \omega).} \tag{3.9}$$

Die Abschirmung von Ladungen durch das Ensemble der Valenzelektronen spielt für viele Halbleiter-Prozesse eine wesentliche Rolle. Bringt man z. B. eine makroskopische statische Ladungsverteilung $\varrho^{\text{ext}}(\boldsymbol{q})$ im den Halbleiter, so ergibt sich eine selbstkonsistente mikroskopische Ladungsverteilung gemäß (3.8), deren Gesamtladung $\varrho(0)$ durch

$$\varrho(0) = \varepsilon^{-1}_{00}(0)\, \varrho^{\text{ext}}(0) \tag{3.10}$$

gegeben ist. Dabei ist $\dfrac{1}{\varepsilon^{-1}_{00}(0)} = \varepsilon_0$ die *elektronische statische Dielektrizitätskonstante* des Halbleiters, eine endliche Größe, und (3.10) drückt die bekannte Tatsache aus, daß im Halbleiter eine äußere Ladung nicht vollständig abgeschirmt wird.

4. Methoden zur Berechnung der Bandstruktur

4.1. Qualitative Form des Kristallpotentials

Da die Bindungsenergien der Kristalle (1 ÷ 10 eV pro Atom) etwa eine Größenordnung kleiner sind als die Ionisierungsenergien der Elektronen aus abgeschlossenen Schalen freier Atome, so werden diese Elektronen, die sogenannten *Rumpfelektronen*, im Kristall nahezu die gleichen Wellenfunktionen besitzen wie im freien Atom. Den von diesen Wellenfunktionen eingenommenen Raum der Wigner-Seitz-Zelle bezeichnen wir als *Rumpfbereich*. Sein wesentlich durch die Ladungsverteilung des Kerns und der Rumpfelektronen erzeugtes Potential ist trichterförmig. Der *interatomare* Bereich bildet den Rest der Wigner-Seitz-Zelle. In ihm befinden sich daher allein die Valenzelektronen, welche sich jedoch ebenfalls teilweise im Rumpfbereich aufhalten.

Die Überlagerung der Ionenpotentiale und des Valenzelektronenpotentials ergibt im interatomaren Bereich ein nahezu konstantes Potential (siehe Abb. 17). Da die

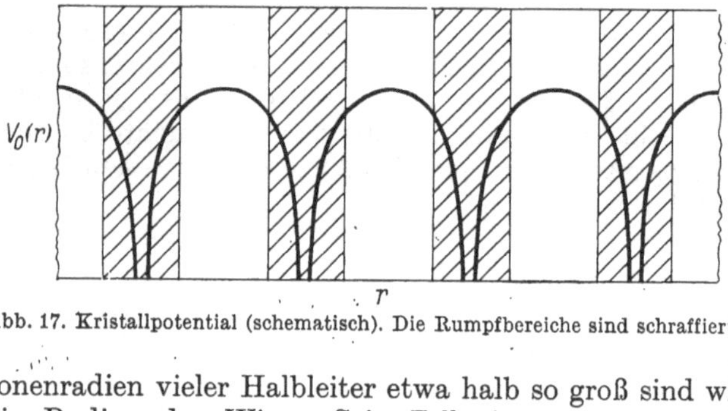

Abb. 17. Kristallpotential (schematisch). Die Rumpfbereiche sind schraffiert

Ionenradien vieler Halbleiter etwa halb so groß sind wie die Radien der Wigner-Seitz-Zellen[1]), so umfaßt der Rumpfbereich nur etwa $^1/_8$ des Gesamtvolumens.

[1]) Kristalle ohne Basis vorausgesetzt.

Die Wellenfunktionen der Valenzelektronen verhalten sich in diesen beiden Bereichen natürlich unterschiedlich: Im Rumpfbereich müssen sie durch starke Oszillationen, d. h. große kinetische Energien die starke Anziehung durch die Atomkerne kompensieren. Im interatomaren Bereich bewirken die dort herrschenden schwachen Kräfte, daß die Wellenfunktionen ebenen Wellen ähnlich sind.

4.2. Eigenwertproblem und Entwicklungsfunktionen

Zur approximativen Lösung des Eigenwertproblems von H_0 entwickelt man häufig die gesuchte Funktion $\psi_{\boldsymbol{k}}(\boldsymbol{r})$ nach einem geeignet gewählten System von blochartigen Funktionen $\chi_{\boldsymbol{k}i}(\boldsymbol{r})$, welches dann zur Darstellung der Eigenwertgleichung benutzt wird.

Setzt man

$$\psi_{\boldsymbol{k}} = \sum_i c_{\boldsymbol{k}i} \chi_{\boldsymbol{k}i}$$

in die Eigenwertgleichung

$$H_0 \psi_{\boldsymbol{k}} = E(\boldsymbol{k})_{\psi\boldsymbol{k}}$$

ein, so erhält man folgendes lineares Gleichungssystem zur Bestimmung der Koeffizienten $c_{\boldsymbol{k}i}$:

$$\sum_i \{\langle \chi_{\boldsymbol{k}i'} | H_0 | \chi_{\boldsymbol{k}i} \rangle - E(\boldsymbol{k}) \langle \chi_{\boldsymbol{k}i'} | \chi_{\boldsymbol{k}i} \rangle\} c_{\boldsymbol{k}i} = 0. \qquad (4.1)$$

Die Eigenwerte $E(\boldsymbol{k})$ werden durch die Lösbarkeitsbedingung

$$\det |\langle \chi_{\boldsymbol{k}i'} | H_0 | \chi_{\boldsymbol{k}i} \rangle - E(\boldsymbol{k}) \langle \chi_{\boldsymbol{k}i'} | \chi_{\boldsymbol{k}i} \rangle| = 0. \qquad (4.2)$$

bestimmt.

4.3. Entwicklung nach Bloch-Summen

Die im folgenden zu betrachtende Methode basiert wesentlich auf den atomaren Wellenfunktionen $\varphi_i(\boldsymbol{r})$. Diese sind durch die Lösungen der Schrödinger-Gleichung

$$\left\{-\frac{\hbar^2}{2m}\Delta + U(\boldsymbol{r}) - E_i\right\}\varphi_i(\boldsymbol{r}) = 0$$

gegeben. Dabei ist $U(\boldsymbol{r})$ das Atompotential, und i bezeichnet die atomaren Quantenzahlen.

Unter Verwendung allein der gebundenen Zustände φ_i, die somit kein vollständiges Funktionensystem bilden, wählen wir als Entwicklungsfunktionen die *Bloch-Summen*

$$\boxed{\chi_{\boldsymbol{k}i}(\boldsymbol{r}) = \frac{1}{G^{3/2}}\sum_{\boldsymbol{R}} e^{i\boldsymbol{k}\boldsymbol{R}}\varphi_i(\boldsymbol{r}-\boldsymbol{R})\,.} \qquad (4.3)$$

Man bezeichnet sie auch als LCAO's (linear combination of atomic orbitals). Sie erfüllen ersichtlich die Blochsche Eigenschaft, die eine Phasenkohärenz der kombinierten atomaren Wellenfunktionen bedeutet (Abb. 18).

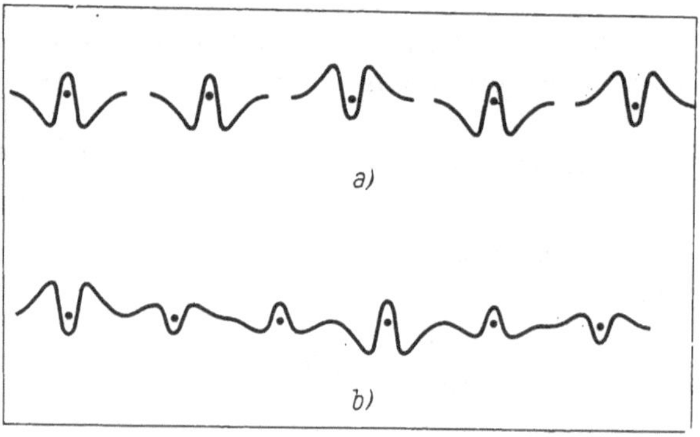

Abb. 18. Wellenfunktionen unkorrelierter Atome (*a*) und Blochsumme (*b*)

Die in der Lösbarkeitsbedingung (4.2) auftretenden Matrixelemente ergeben sich dann zu

$$\langle \chi_{ki'} | H_0 | \chi_{ki} \rangle = \sum_{R} e^{-ikR} \int \varphi_{i'}^*(r - R) H_0(r) \varphi_i(r) \, d^3r.$$

und

$$\langle \chi_{ki'} | \chi_{ki} \rangle = \sum_{R} e^{-ikR} S_{i'i}(R),$$

wobei

$$S_{i'i}(R) = \int \varphi_{i'}^*(r - R) \varphi_i(r) \, d^3r$$

die *Überlappungsintegrale* sind. Die Bloch-Summen sind also i. a. nicht orthonormiert. Nur bei verschwindender Überlappung der atomaren Wellenfunktionen gilt $S_{i'i}(R) = \delta_{i'i}\delta_{R_0}$.

Prinzipiell kann man jetzt die Funktionen $E_\nu(k)$ durch Lösung der Säkulargleichung berechnen. Um die Methode zu illustrieren, wollen wir uns hier auf den einfachsten Fall beschränken, daß die gesuchte Bloch-Funktion durch nur eine Bloch-Summe approximiert wird. Die Eigenwertbedingung führt dann mit

$$\int |\varphi_i(r)|^2 \, [V_0(r) - U(r)] \, d^3r = \alpha_i$$

$$\int \varphi_i^*(r - R) \, [V_0(r) - U(r)] \, \varphi_i(r) \, d^3r = \beta_i(R)$$

bei Vernachlässigung der Überlappung zu folgendem Näherungsausdruck für die Energie der Bloch-Elektronen:

$$\boxed{E_i(k) = E_i + \alpha_i + \sum_{R \neq 0} e^{-ikR} \beta_i(R).} \tag{4.4}$$

Die bei der Ableitung dieser Formel benutzte Vernachlässigung der Überlappung ist offenbar um so eher gerechtfertigt, je geringer die räumliche Ausdehnung der Atomwellenfunktion $\varphi_i(r)$ ist, d. h. je tiefer die Energie der betreffenden Zustände liegt.[1]) Die LCAO-Methode kann deshalb nur für die Elektronen tiefer Bänder genäherte

[1]) Bei den nichtgebundenen Atomfunktionen, die wir bei der Bildung der Bloch-Summen nicht mitnehmen, wäre dieses Vorgehen ganz unmöglich.

Gültigkeit beanspruchen; sie beschreibt dann Bloch-Elektronen, deren Wellenfunktionen sich durch die Bindung der Atome zum Festkörper nur wenig verändern.

Nach (4.4) unterscheiden sich die Energiewerte im Kristall von dem atomaren Term E_i durch eine $\boldsymbol{k}$-unabhängige Verschiebung α_i (*core level shift*) und eine wesentlich durch die Integrale $\beta_i(\boldsymbol{R})$ bestimmte Aufspaltung. Man erhält also eine Zuordnung von Atomtermen und Energiebändern, die sich aber bei Verwendung mehrerer Bloch-Summen verkompliziert. Der core level shift ist negativ und kommt durch das nahezu konstante Potential aller benachbarten Ionen sowie der Valenzelektronen am Ort des betrachteten Ions zustande (s. Abb. 19).

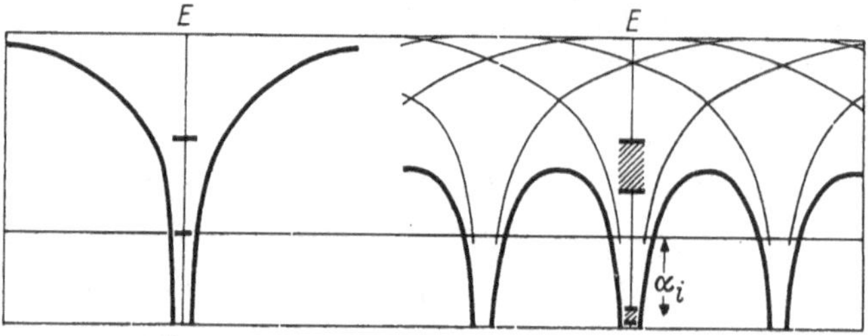

Abb. 19. Atomares und Kristallpotential mit zugehörigen Eigenwerten

4.4. *Entwicklung nach ebenen Wellen*

Faßt man lediglich das Verhalten der Wellenfunktionen im interatomaren Raum ins Auge, so liegt es nahe, als Entwicklungsfunktionen $\chi_{\boldsymbol{k}i}(\boldsymbol{r})$ ebene Wellen $\langle \boldsymbol{r} | \boldsymbol{k} + \boldsymbol{K} \rangle = \frac{1}{\sqrt{\Omega}} e^{i(\boldsymbol{k}+\boldsymbol{K})\boldsymbol{r}}$ zu wählen:

$$\boxed{\psi_{\boldsymbol{k}}(\boldsymbol{r}) = \frac{1}{\sqrt{\Omega}} \sum_{\boldsymbol{K}} a_{\boldsymbol{k}}(\boldsymbol{K})\, e^{i(\boldsymbol{k}+\boldsymbol{K})\boldsymbol{r}}}$$

Die Matrixelemente des gitterperiodischen Potentials $V_0(\boldsymbol{r})$ ergeben sich zu

$$\langle \boldsymbol{k} + \boldsymbol{K}' | V_0 | \boldsymbol{k} + \boldsymbol{K} \rangle = V_0(\boldsymbol{K}' - \boldsymbol{K}),$$

wobei

$$V_0(\boldsymbol{K}) = \frac{1}{\Omega_0} \int\limits_{\Omega_0} V_0(\boldsymbol{r}) e^{-i\boldsymbol{K}\boldsymbol{r}} \, \mathrm{d}^3\boldsymbol{r} = V_0^*(-\boldsymbol{K})$$

ist.

Das lineare Gleichungssystem (4.1) läßt sich dann in der Form

$$\left[\frac{\hbar^2}{2m} (\boldsymbol{k} + \boldsymbol{K})^2 - E(\boldsymbol{k}) + V_0(0)\right] \cdot a_{\boldsymbol{k}}(\boldsymbol{K}) + \sum_{\boldsymbol{K}' \neq \boldsymbol{K}} V_0(\boldsymbol{K} - \boldsymbol{K}')\, a_{\boldsymbol{k}}(\boldsymbol{K}') = 0 \tag{4.5}$$

schreiben. Dieses noch strenge unendliche Gleichungssystem (für jedes $\boldsymbol{K}$ eine Gleichung) liefert über die Lösbarkeitsbedingung (4.2) die Eigenwerte $E_\nu(\boldsymbol{k})$ ($\nu = 1, 2, \ldots$), und damit das System der $a_{\boldsymbol{k}\nu}(\boldsymbol{K})$.

Zur praktischen Lösung des Eigenwertproblems (4.5) beschreiben wir im folgenden ein Iterationsverfahren. Dazu betrachten wir die Matrixelemente $V_0(\boldsymbol{K})$ mit $\boldsymbol{K} \neq 0$ als klein und erhalten zunächst in nullter Ordnung:

$$\left[\frac{\hbar^2}{2m} (\boldsymbol{k} + \boldsymbol{K})^2 - E^{(0)}(\boldsymbol{k}) + V_0(0)\right] a_{\boldsymbol{k}}^{(0)}(\boldsymbol{K}) = 0,$$

woraus

$$\boxed{\begin{aligned} E^{(0)}(\boldsymbol{k}) &= \frac{\hbar^2}{2m} (\boldsymbol{k} + \boldsymbol{K}_0)^2 + V_0(0) \equiv E_{\boldsymbol{K}_0}^{(0)}(\boldsymbol{k}), \\ a_{\boldsymbol{k}}^{(0)}(\boldsymbol{K}) &= \delta_{\boldsymbol{K}\boldsymbol{K}_0} \equiv a_{\boldsymbol{k}\boldsymbol{K}_0}^{(0)}(\boldsymbol{K}) \end{aligned}}$$

für jedes $\boldsymbol{K}_0$ folgt. Die Lösung nullter Ordnung entspricht also freien Elektronen.

Diese Lösung gibt nach unserer Konvention über die Bandstruktur-Funktionen $E_\nu(\boldsymbol{k})$ folgende Konstruktionsvorschrift „freier Energiebänder": Man berechne für jedes $\boldsymbol{K}_0$, bei vorgegebener Richtung in der Brillouin-Zone, von Γ ausgehend, die Größe $E^{(0)}_{\boldsymbol{K}_0}(\boldsymbol{k})$ bis an die Zonengrenze heran. Dabei entstehen jeweils Parabeläste. Zuweilen wird man dabei für verschiedene $\boldsymbol{K}_0$ die gleichen Äste erhalten, so daß dann Bandentartung vorliegt. Die Funktionen $E_\nu^{(0)}(\boldsymbol{k})$ erhält man daraus gemäß $E^{(0)}_{\nu+1}(\boldsymbol{k}) \geqq E_\nu^{(0)}(\boldsymbol{k})$. Sie beschreiben die Bandstruktur des kräftefreien Gitters, die *empty-lattice-Bänder*, und sind allein durch die Gitterstruktur bestimmt. Die empty-lattice-Bänder des kubisch flächenzentrierten Gitters zeigt Abb. 20.

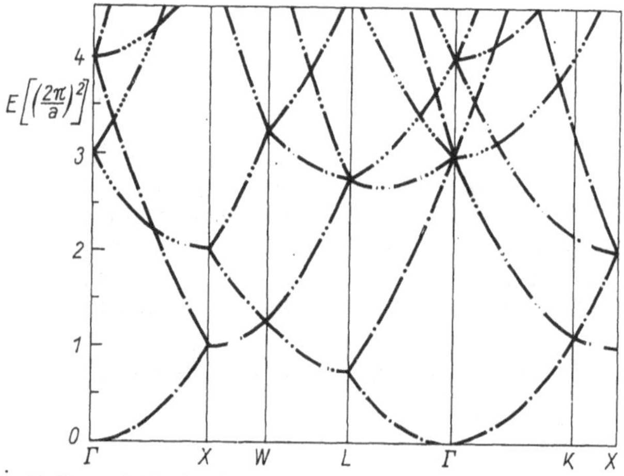

Abb. 20. Empty-lattice-Bänder des fcc-Gitters (die Anzahl der Punkte gibt den Entartungsgrad an)

Im nächsten Iterationsschritt erhalten wir für die Korrekturen in erster Näherung das Gleichungssystem

$$\frac{\hbar^2}{2m}\left[(\boldsymbol{k}+\boldsymbol{K})^2-(\boldsymbol{k}+\boldsymbol{K}_0)^2\right]a^{(1)}_{\boldsymbol{k}\boldsymbol{K}_0}(\boldsymbol{K}) - E^{(1)}_{\boldsymbol{K}_0}(\boldsymbol{k})\,\delta_{\boldsymbol{K}\boldsymbol{K}_0} + \sum_{\boldsymbol{K}'\neq\boldsymbol{K}} V_0(\boldsymbol{K}-\boldsymbol{K}')\,\delta_{\boldsymbol{K}'\boldsymbol{K}_0} = 0.$$

Daraus ergibt sich für $\boldsymbol{K} \neq \boldsymbol{K}_0$:

$$a^{(1)}_{\boldsymbol{k}\boldsymbol{K}_0}(\boldsymbol{K}) = -\frac{V_0(\boldsymbol{K}-\boldsymbol{K}_0)}{\dfrac{\hbar^2}{2m}\left[(\boldsymbol{k}+\boldsymbol{K})^2-(\boldsymbol{k}+\boldsymbol{K}_0)^2\right]}$$

und aus der Gleichung für $\boldsymbol{K} = \boldsymbol{K}_0$:

$$E^{(1)}_{\boldsymbol{K}_0}(\boldsymbol{k}) = 0 .$$

Man bezeichnet diesen Fall als den *fast freier Elektronen.*

Offensichtlich bricht die betrachtete Näherung zusammen, wenn die Nenner groß werden, also in der Nähe jener Stellen $\boldsymbol{k}$, wo

$$(\boldsymbol{k}+\boldsymbol{K})^2 = (\boldsymbol{k}+\boldsymbol{K}_0)^2 .$$

Das sind aber gerade die Punkte, an denen sich die durch $\boldsymbol{K}$ und $\boldsymbol{K}_0$ festgelegten Parabeläste (bei $\boldsymbol{k}$) schneiden oder berühren. Die Lösung freier Elektronen wird also gerade an den Parabelschnittpunkten, d. h. an den Stellen der Bandentartung durch die Berücksichtigung des Kristallpotentials stark gestört, welches hier zur (teilweisen) Aufhebung der Entartung führt, so daß Energielücken entstehen.

Zur quantitativen Behandlung der Frage der Entartungsstellen schreiben wir uns aus dem allgemeinen Gleichungssystem jene beiden Gleichungen heraus, die lediglich die Koeffizienten $a_{\boldsymbol{k}}(\boldsymbol{K})$ und $a_{\boldsymbol{k}}(\boldsymbol{K}_0)$ enthalten:

$$\left[\frac{\hbar^2}{2m}(\boldsymbol{k}+\boldsymbol{K})^2 - E(\boldsymbol{k}) + V_0(0)\right] a_{\boldsymbol{k}}(\boldsymbol{K}) + V_0(\boldsymbol{K}-\boldsymbol{K}_0)\, a_{\boldsymbol{k}}(\boldsymbol{K}_0) = 0$$

$$\left[\frac{\hbar^2}{2m}(\boldsymbol{k}+\boldsymbol{K}_0)^2 - E(\boldsymbol{k}) + V_0(0)\right] a_{\boldsymbol{k}}(\boldsymbol{K}_0) + V_0(\boldsymbol{K}_0-\boldsymbol{K})\, a_{\boldsymbol{k}}(\boldsymbol{K}) = 0 .$$

Die Auflösung dieses Systems liefert $\left(\text{mit } V_0(-\boldsymbol{K}) = V_0^*(\boldsymbol{K})\right)$:

$$E_{1,2}(\boldsymbol{k}; \boldsymbol{K}, \boldsymbol{K}_0) = \frac{1}{2}\left\{\frac{\hbar^2}{2m}[(\boldsymbol{k}+\boldsymbol{K})^2 + (\boldsymbol{k}+\boldsymbol{K}_0)^2] + 2V_0(0)\right\}$$

$$\pm \frac{1}{2}\sqrt{\left\{\frac{\hbar^2}{2m}[(\boldsymbol{k}+\boldsymbol{K})^2 - (k+\boldsymbol{K}_0)^2]\right\}^2 + 4|V_0(\boldsymbol{K}_0-\boldsymbol{K})|^2}.$$

Daraus folgt für die Energien am Parabelschnittpunkt

$$\boxed{E_{1,2}(\boldsymbol{k}; \boldsymbol{K}, \boldsymbol{K}_0) = \frac{\hbar^2}{2m}(\boldsymbol{k}+\boldsymbol{K}_0)^2 + V_0(0) \pm |V_0(\boldsymbol{K}_0-\boldsymbol{K})|.}$$

Das bedeutet, es findet eine Energieaufspaltung

$$2|V_0(\boldsymbol{K}_0 - \boldsymbol{K})|$$

an der Stelle statt, wo sich die freien Bänder, die zu $\boldsymbol{K}_0$ und $\boldsymbol{K}$ gehören, schneiden (Abb. 21). Es entstehen Energielücken für die betrachtete Richtung im $\boldsymbol{k}$-Raum, jedoch nicht notwendig im Energiespektrum.

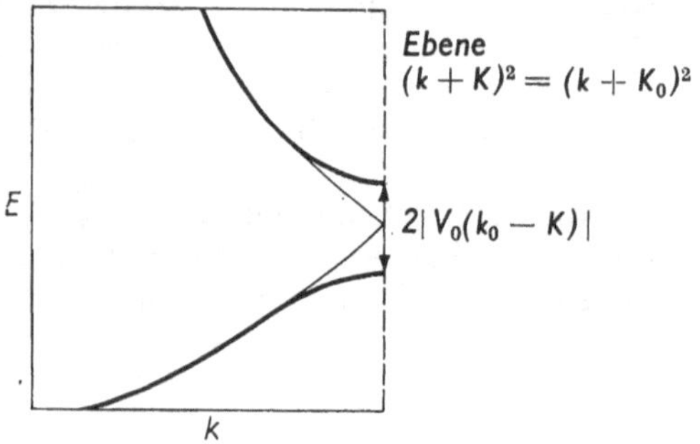

Abb. 21. Aufspaltung der empty-lattice-Bänder an der Ebene $(\boldsymbol{k} + \boldsymbol{K})^2 = (\boldsymbol{k} + \boldsymbol{K}_0)^2$

Damit haben wir in der Näherung fast freier Elektronen qualitativ die gleichen Ergebnisse gewonnen wie oben beim entgegengesetzten Grenzfall der stark gebundenen Kristallelektronen.

4.5. Orthogonalisierte ebene Wellen

Die beiden bisher betrachteten Approximationsverfahren starker und schwacher Bindung besitzen extremen Charakter und beschreiben deshalb die Wellenfunktionen nur jeweils in einem der beiden räumlichen Bereiche befriedigend, nämlich die Entwicklung nach Bloch-Summen im Rumpfbereich, die Entwicklung nach ebenen Wellen im interatomaren Bereich. Es liegt daher nahe, nach Entwicklungsfunktionen $\chi_{\boldsymbol{k}i}(\boldsymbol{r})$ zu suchen, welche sowohl die kernnahen Oszillationen als auch das den ebenen Wellen ähnliche Verhalten im interatomaren Bereich erfassen.

Dazu wollen wir uns ausschließlich für Bloch-Funktionen der Valenzbänder $\nu > \nu_0$ interessieren und diejenigen der Rumpfbänder $\nu' \leqq \nu_0$ als bekannt voraussetzen. Als Entwicklungsfunktionen wählen wir dann folgende aus ebenen Wellen und kernnah oszillierenden Funktionen bestehenden Linearkombinationen (Abb. 22):

$$\chi^{\nu_0}_{\boldsymbol{kK}}(\boldsymbol{r}) = \frac{1}{\sqrt{\Omega}} e^{i(\boldsymbol{k}+\boldsymbol{K})\boldsymbol{r}} - \sum_{\nu'=1}^{\nu_0} b_{\boldsymbol{kK}\nu'}\, \psi_{\boldsymbol{k}\nu'}(\boldsymbol{r}) . \qquad (4.6)$$

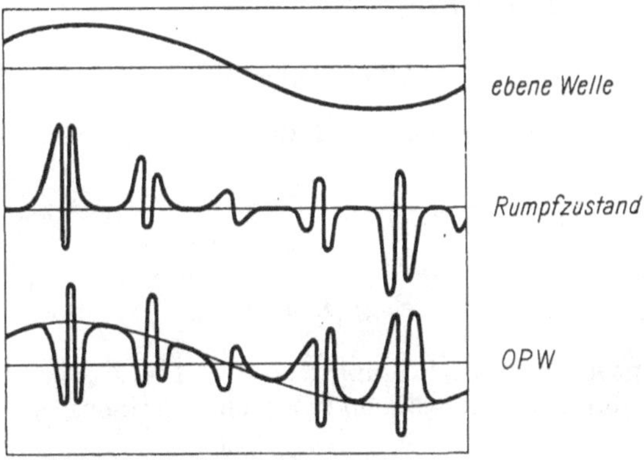

Abb. 22. Ebene Welle, Rumpfzustand und OPW

Die noch freien Koeffizienten $b_{\boldsymbol{kK}\nu'}$ legen wir so fest, daß die Entwicklungsfunktionen $\chi_{\boldsymbol{kK}}^{\nu_0}$ und damit auch die aus ihnen kombinierten Valenzzustände $\psi_{\boldsymbol{k}\nu}(\boldsymbol{r})$ zu allen Rumpfzuständen $\psi_{\boldsymbol{k}\nu'}(\boldsymbol{r})$ orthogonal sind:

$$\int_{\Omega} \psi_{\boldsymbol{k}\nu'}^{*}(\boldsymbol{r})\, \chi_{\boldsymbol{kK}}^{\nu_0}(\boldsymbol{r})\, \mathrm{d}^3\boldsymbol{r} = 0 .$$

Daraus folgt mit (4.6)

$$b_{\boldsymbol{kK}\nu'} = \frac{1}{\sqrt{\Omega}} \int_{\Omega} \psi_{\boldsymbol{k}\nu'}^{*}(\boldsymbol{r})\, e^{i(\boldsymbol{k}+\boldsymbol{K})\boldsymbol{r}}\, \mathrm{d}^3\boldsymbol{r} .$$

Man bezeichnet die mit diesen Koeffizienten gebildeten $\chi_{\boldsymbol{kK}}^{\nu_0}(\boldsymbol{r})$ als *orthogonalisierte ebene* (*plane*) *Wellen* (OPW).

Es erweist sich als vorteilhaft, die eben angegebene Konstruktion der OPW durch Projektionsoperatoren zu formulieren. Bezeichnet $P_{[\boldsymbol{k}\nu']} = |\boldsymbol{k}\nu'\rangle\langle\boldsymbol{k}\nu'|$ den Projektionsoperator in den Rumpfzustand $|\boldsymbol{k}\nu'\rangle$, so projiziert $P_{\boldsymbol{k}\nu_0} = \sum_{\nu'=1}^{\nu_0} P_{[\boldsymbol{k}\nu']}$ in die Gesamtheit der Rumpfzustände mit $\boldsymbol{k}$. Aus der Eigenschaft der $|\boldsymbol{k}\nu'\rangle$, Eigenvektoren von H_0 zu sein, folgt sofort die Vertauschbarkeit von H_0 und $P_{\boldsymbol{k}\nu_0}$:

$$[H_0, P_{\boldsymbol{k}\nu_0}] = 0 .$$

Gleichung (4.6) schreibt sich dann

$$\begin{aligned} |\chi_{\boldsymbol{kK}}^{\nu_0}\rangle &= |\boldsymbol{k}+\boldsymbol{K}\rangle - \sum_{\nu'=1}^{\nu_0} \underbrace{\langle\boldsymbol{k}\nu'|\boldsymbol{k}+\boldsymbol{K}\rangle}_{b_{\boldsymbol{kK}\nu'}} \cdot |\boldsymbol{k}\nu'\rangle \\ &= (1 - P_{\boldsymbol{k}\nu_0})\,|\boldsymbol{k}+\boldsymbol{K}\rangle . \end{aligned}$$

Unter Berücksichtigung von $P_{\boldsymbol{k}\nu_0}(1 - P_{\boldsymbol{k}\nu_0}) = 0$ kann man dafür mit beliebigem $|\chi\rangle$ auch schreiben

$$|\chi_{\boldsymbol{kK}}^{\nu_0}\rangle = (1 - P_{\boldsymbol{k}\nu_0})\,\{|\boldsymbol{k}+\boldsymbol{K}\rangle + P_{\boldsymbol{k}\nu_0}|\chi\rangle\} . \qquad (4.7)$$

Die (physikalisch relevante) OPW $\chi_{kK}^{\nu_0}(\boldsymbol{r})$ läßt sich danach durch die Projektion $(1 - P_{k\nu_0})$ aus unendlich vielen verschiedenen Funktionen gewinnen, unter denen die ebene Welle wegen ihrer Eigenschaft als Eigenfunktion freier Elektronen eine besondere Rolle spielt.

Die OPW-Darstellung des Hamilton-Operators geben wir hier nicht explizit an. Mit ihrer Hilfe sind die ersten brauchbaren Bandstrukturen von Halbleitern berechnet worden.

4.6. *Pseudopotential*

Es liegt nahe, einmal jene Funktion $\varphi_{k\nu}$ zu betrachten, die zur Blochwelle $\psi_{k\nu}$ in demselben Verhältnis steht, wie die ebene Welle zur OPW (4.7), d. h.

$$(1 - P_{k\nu_0})\varphi_{k\nu} = \psi_{k\nu}. \tag{4.8}$$

Wir bezeichnen sie als *Pseudowellenfunktion.*

Mit jedem $\varphi_{k\nu}$ erfüllt auch die Funktion

$$\varphi_{k\nu} + P_{k\nu_0}\chi$$

mit beliebigem χ die Gleichung (4.8). Wenn man eine Eigenwertgleichung für die Pseudowellenfunktionen $\varphi_{k\nu}$ ableiten will, so muß man wegen deren Nichteindeutigkeit damit rechnen, daß der die $\varphi_{k\nu}$ bestimmende Operator selbst in einem gewissen Umfang beliebig ist.

Die Eigenlösungen $E_\nu(\boldsymbol{k})$ und $\psi_{k\nu}$ für $\nu > \nu_0$ ergeben sich nun, wie man leicht sieht, aus der Pseudowellengleichung

$$\boxed{\{H_0 + P_{k\nu_0}A\}\,\varphi_{k\nu} = E_\nu(\boldsymbol{k})\,\varphi_{k\nu}}$$

mit beliebigem Operator A gemäß

$$\boxed{\psi_{k\nu} = (1 - P_{k\nu_0})\,\varphi_{k\nu}.}$$

Wendet man nämlich $(1 - P_{k\nu_0})$ auf die Pseudowellengleichung an, so erhält man die Wellengleichung für H_0 mit den Eigenfunktionen $(1 - P_{k\nu_0})\varphi_{k\nu} = \psi_{k\nu}$ $(\nu > \nu_0)$.

Offenbar kann man nun das noch beliebige A so wählen, daß das *Pseudopotential* $V_p = V_0 + P_{k\nu_0}A$ möglichst „glatt" ist, so daß man bei der Berechnung der Säkulardeterminante mit nur wenigen Termen auskommt.

Das Pseudopotential ist im allgemeinen kein lokales Potential, doch sind die nichtlokalen Anteile häufig vernachlässigbar, so daß man für V_p ebenso wie für V_0 eine Fourierentwicklung angeben kann.

Die oben dargelegte Entwicklung nach ebenen Wellen kommt unter dem Gesichtspunkt eines derart gewählten Pseudopotentials trotz des keineswegs kleinen Kristallpotentials für Valenzbänder zu einer sinnvollen Anwendung, indem man sie zur Lösung des Eigenwertproblems von $H_0 + P_{k\nu_0} A$ (und nicht von H_0) verwendet. Die so berechneten Energieeigenwerte entsprechen direkt den

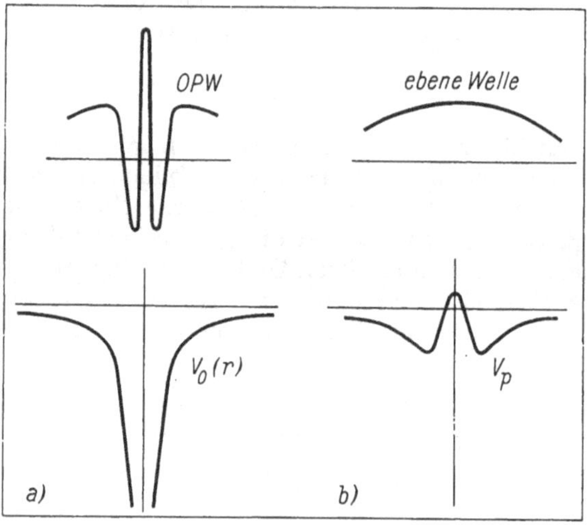

Abb. 23. Kristallpotential (*a*) und Pseudopotential (*b*) mit zugehörigen Eigenfunktionen

gesuchten $E_\nu(\boldsymbol{k})$, während die zugehörigen Eigenfunktionen von H_0 sich aus den Pseudowellenfunktionen durch Anwendung von $(1 - P_{\boldsymbol{k}\nu_0})$ ergeben. Für die Berechnung der $\varphi_{\boldsymbol{k}\nu}$ genügt meist eine Entwicklung nach wenigen ebenen Wellen, da V_p durch eine Fourier-Entwicklung aus wenigen Gliedern dargestellt werden kann (s. Abb. 23).

Die oben angegebene einfache Beziehung für die Energiesprünge an den Parabelschnittpunkten modifiziert sich jetzt dahingehend, daß diese in 1. Ordnung der Störungsrechnung gleich $2|V_p(\boldsymbol{K}_0 - \boldsymbol{K})|$ werden.

Am Beispiel des Germaniums zeigt die Abb. 24 einen Vergleich der empty-lattice-Bänder mit der berechneten Bandstruktur. Man erkennt deutlich die Aufspaltung an den Parabelschnittpunkten.

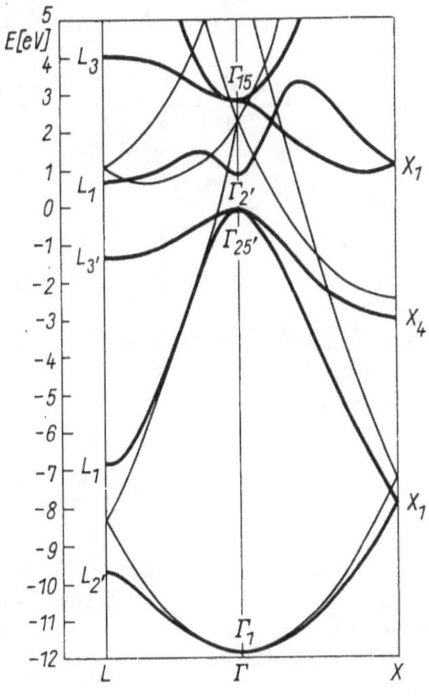

Abb. 24. Vergleich der empty-lattice-Bänder mit der Bandstruktur für Germanium

4.7. $\boldsymbol{k}\cdot\boldsymbol{p}$-Methode

Nach (2.3) erfüllt $u_{\boldsymbol{k}\nu}(\boldsymbol{r})$ die Eigenwertgleichung

$$\boxed{\left[H_0 + \frac{\hbar}{m}\boldsymbol{k}\cdot\boldsymbol{p} - \left(E_{\boldsymbol{k}\nu} - \frac{\hbar^2 k^2}{2m}\right)\right] u_{\boldsymbol{k}\nu} = 0}$$

mit der Randbedingung $T_{\boldsymbol{R}}\,u_{\boldsymbol{k}\nu} = u_{\boldsymbol{k}\nu}$, wobei $\boldsymbol{k}$ hier als fester Parameter aufzufassen ist. Für $\boldsymbol{k} = 0$ erhält man die Lösungen $E_{0\nu}$, $u_{0\nu}$. Für kleine $|\boldsymbol{k}|$ kann man die Eigenwertgleichung störungstheoretisch lösen mit dem Störoperator $\frac{\hbar}{m}\boldsymbol{k}\cdot\boldsymbol{p}$.

Für nicht-entartete $E_{0\nu}$ erhält man so

$$E_{\boldsymbol{k}\nu} = E_{0\nu} + \frac{\hbar^2 k^2}{2m} + \frac{\hbar}{m}\boldsymbol{k}\boldsymbol{p}_{0\nu\nu} + \frac{\hbar^2}{m^2}\sum_{\nu'\neq\nu}{}' \frac{|\boldsymbol{k}\boldsymbol{p}_{0\nu\nu'}|^2}{E_{0\nu} - E_{0\nu'}} + 0(k^3), \tag{4.9}$$

wobei

$$\boldsymbol{p}_{0\nu\nu'} = \langle 0\nu|\boldsymbol{p}|0\nu'\rangle = \frac{\hbar}{i\Omega_0}\int\limits_{\Omega_0} u^*_{0\nu}\nabla_{\boldsymbol{r}}u_{0\nu'}\,\mathrm{d}^3\boldsymbol{r}.$$

Aus dem quadratischen Glied von (4.9) reproduziert sich für den Spezialfall $\boldsymbol{k} = 0$ der uns bereits bekannte f-Summensatz (2.14)

$$(\mathsf{m}^{*-1}_{0\nu})_{ij} = \frac{\delta_{ij}}{m} + \frac{1}{m^2}\sum_{\nu'\neq\nu}\frac{p^i_{0\nu\nu'}p^j_{0\nu'\nu} + p^i_{0\nu'\nu}p^j_{0\nu\nu'}}{E_{0\nu} - E_{0\nu'}}.$$

Häufig sind die interessierenden Bänder bei $\boldsymbol{k} = 0$ entartet oder fast entartet. Dann ist die endliche Säkulardeterminante

$$|H_{\nu\nu'} - E\,\delta_{\nu\nu'}| = 0$$

zu lösen, wobei

$$H_{\nu\nu'} = \left(E_{0\nu} + \frac{\hbar^2 k^2}{2m}\right) \delta_{\nu\nu'} + \frac{\hbar}{m} \boldsymbol{k} \boldsymbol{p}_{0\nu\nu'}$$

ist. Der Index ν läuft hier über die miteinander entarteten und fast entarteten Bänder.

4.8. Selbstkonsistentes Kristallpotential

Um zum Begriff des Kristallpotentials zu gelangen, in welchem sich jedes Elektron unabhängig von den anderen Elektronen bewegt, sind zwei wesentliche Approximationen des ursprünglich vorliegenden Vielteilchenproblems nötig.

Zunächst wird die Bewegung der Atomkerne von der Bewegung der Elektronen separiert. Durch das große Massenverhältnis der Kerne zu den Elektronen kann man sich die Kerne als an ihren Ruhelagen fixiert denken und die Rückwirkung der Elektronenbewegung auf sie vernachlässigen. Durch diese sog. *adiabatische Näherung* erhält man also ein reines Vielelektronenproblem. Dieses Vielelektronenproblem kann nun in *Hartree-Fockscher Näherung* auf ein Einelektronenproblem zurückgeführt werden. Dazu wird die Gesamtwellenfunktion der N Elektronen durch eine Slater-Determinante

$$\Psi = |\varphi_i(q_j)|$$

approximiert (q beschreibt sowohl Orts- als auch Spinvariable), und die Funktionen $\varphi_i(q_j)$ werden so gewählt, daß die Gesamtenergie des Vielelektronensystems $\frac{\langle\Psi|H|\Psi\rangle}{\langle\Psi|\Psi\rangle}$ minimal wird.

Sie genügen dann den *Hartree-Fockschen Gleichungen*

$$\boxed{\left(-\frac{\hbar^2}{2m}\Delta + V_K(\boldsymbol{r})\right)\varphi_i(q) + \sum_{j=1}^{N}\int \mathrm{d}q'\,\varphi_j^*(q')\,\frac{e^2}{|\boldsymbol{r}-\boldsymbol{r}'|}\,[\varphi_i(q)\,\varphi_j(q') - \varphi_j(q)\,\varphi_i(q')] = \varepsilon_i\varphi_i(q).} \tag{4.10}$$

$V_K(\boldsymbol{r})$ bedeutet das Potential aller Atomkerne.

Da die ε_i sich nach dem Koopmansschen Theorem als Einteilchenenergien interpretieren lassen, kann man (4.10) als Einelektronen-Schrödinger-Gleichung auffassen. Das Kristallpotential V_0 setzt sich also aus den drei in (4.10) eingehenden Anteilen zusammen: dem Potential $V_K(\boldsymbol{r})$ der Kerne, dem Coulomb-Potential aller Elektronen

$$\sum_{j=1}^{N} \int \mathrm{d}q' \, |\varphi_j(q')|^2 \, \frac{e^2}{|\boldsymbol{r} - \boldsymbol{r}'|}$$

sowie dem nichtlokalen *Austauschpotential.* Da die beiden letzten Anteile von den erst zu bestimmenden Eigenfunktionen des Einteilchen-Operators H_0 abhängen, löst man das Gleichungssystem meist iterativ, wobei das nichtlokale Austauschpotential wegen der im Festkörper vorhandenen großen Elektronenzahl N nur in lokaler Approximation berücksichtigt werden kann. Besonders bewährt hat sich dabei die *Slatersche Näherung*

$$-3e^2 \left\{ \frac{3}{8\pi} \sum_{j=1}^{N} |\varphi_j(q)|^2 \right\}^{1/3},$$

die sich an einem geeignet gemittelten Ausdruck für freie Elektronen orientiert.

Mit den angegebenen Näherungen gelang es, für einige Halbleiter selbstkonsistente Berechnungen der Bandstruktur nach der OPW-Methode durchzuführen. Dabei werden in jedem Iterationsschritt zur Bestimmung der Valenzzustände die Rumpfzustände bei festgehaltenen Valenzzuständen selbstkonsistent bestimmt (Abb. 25).

Die Valenzenergien für Silizium wurden so mit einer Genauigkeit von etwa 0,01 eV bestimmt. Da die Näherungen bei der Ableitung des Kristallpotentials größenordnungsmäßig 0,1 eV betragen, ist eine bessere Berücksichtigung der dabei vernachlässigten Effekte, insbesondere der Elektronenkorrelation, nötig, um realistischere Bandstrukturen ohne Verwendung anderer empirischer

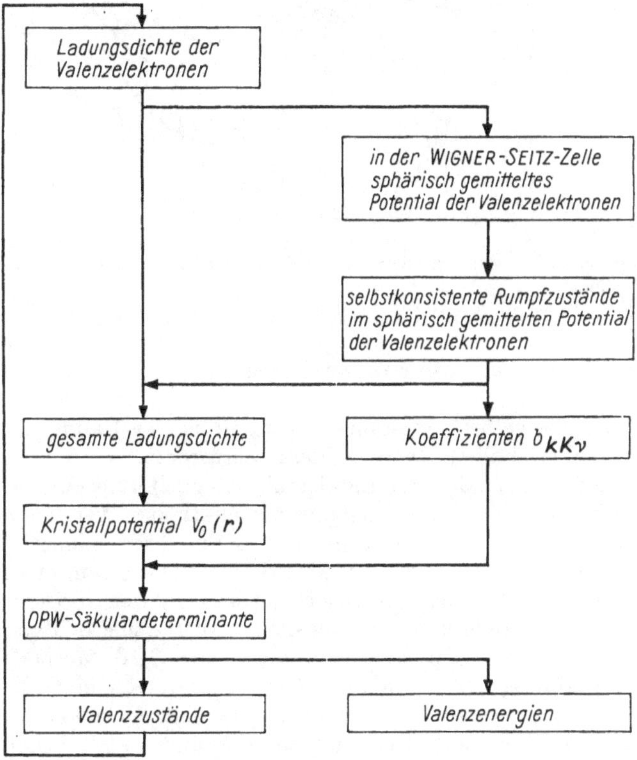

Abb. 25. Programmablaufplan für selbstkonsistente OPW-Rechnung

Daten als der Kristallstruktur und der Gitterkonstante zu bestimmen. Die nach der selbstkonsistenten OPW-Methode bestimmte Bandstruktur von Silizium zeigt Abb. 26.

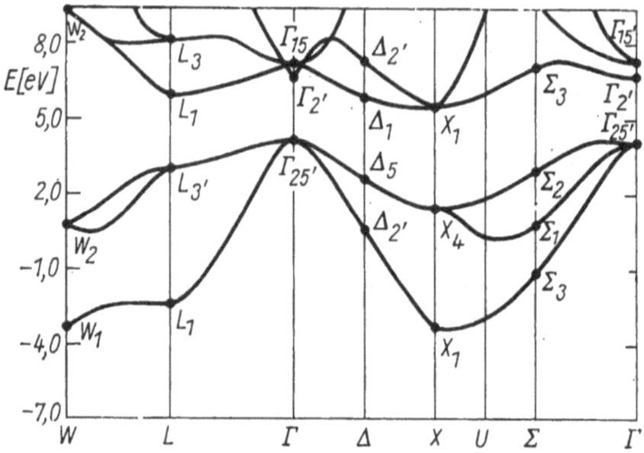

Abb. 26. Bandstruktur von Silizium nach der selbstkonsistenten OPW-Methode bestimmt

4.9. *Halbempirische Bandstrukturen*

Da die selbstkonsistente Bestimmung der Bandstruktur einen hohen Rechenaufwand erfordert, wurden die meisten Methoden zur Bandstrukturberechnung auch als halbempirische oder Interpolationsmethoden verwendet und so die Bandstruktur mit Hilfe experimenteller Daten (Energiedifferenzen an kritischen Punkten, effektive Massen) parametrisiert. Diese halbempirischen Methoden liefern zwar zuweilen zuverlässigere Bandstrukturen als z. B. die selbstkonsistente OPW-Methode, doch können sie nur als ein vorläufiges relativ einfaches Verfahren, eine Bandstruktur abzuleiten, angesehen werden. Genauere Rechnungen, die auch Vielteilcheneffekte besser berücksichtigen, müssen natürlich von den Grundlagen ausgehen, ohne empirische Daten zu verwenden.

Als besonders erfolgreich erwies sich das empirische Pseudopotentialverfahren. Mittels weniger Fourier-Koeffizienten des als lokal vorausgesetzten Pseudopotentials konnten befriedigende Bandstrukturen berechnet werden. Für Silizium und Germanium reichten bereits die drei niedrigsten Fourier-Koeffizienten aus. So wurden für viele Halbleiter empirische Bandstrukturen abgeleitet.

Die in Abb. 24 wiedergegebenen Valenzbänder von Germanium sind wie bei jedem Halbleiter (bei $T = 0\,\mathrm{K}$) entweder vollkommen mit Elektronen besetzt oder leer. Erstere nennt man *Valenzbänder* (im engeren Sinne), letztere *Leitungsbänder*. Das energetische Maximum der Valenzbänder bezeichnet man als *Valenzbandkante*, das Minimum der Leitungsbänder als *Leitungsbandkante*. Die Energiedifferenz zwischen beiden ist die *Bandlücke* des Halbleiters.

Befinden sich Valenz- und Leitungsbandkante an derselben Stelle in der Brillouin-Zone so spricht man von einer *direkten Bandlücke* und einem *direkten Halbleiter*. InSb ist z. B. ein direkter, während Silizium und Germanium indirekte Halbleiter sind.

Bei Germanium reichen die (bei Berücksichtigung des Spins) 8 Valenzbänder von Γ_1 bis Γ'_{25} (Abb. 24). Sie sind von den 8 in der Wigner-Seitz-Zelle befindlichen Valenzelektronen besetzt. Die Valenzbandkante liegt hier wie auch bei Silizium am Punkt Γ und ist 3fach (mit Spin 6fach) bandentartet. Die Leitungsbandkante liegt für Germanium bei L und für Silizium (Abb. 26) an einem Punkt $\boldsymbol{k}_\Delta = 0{,}85 \cdot \frac{2\pi}{a}\,(1, 0, 0)$. Das Leitungsband ist an der Kante nicht bandentartet, sondern sternentartet, so daß für Silizium an 6 Punkten der Brillouin-Zone und für Germanium an 4 Punkten Bandminima, sog. *Täler* auftreten. Man spricht daher auch von einem *Mehrtalhalbleiter* (Abb. 27). Die Energieflächen in der Umgebung der Leitungsbandminima von Germanium und Silizium sind Rotationsellipsoide, in deren Hauptachsensystem die Energie durch die Entwicklung

$$E_c(\boldsymbol{k}) = E_c(\boldsymbol{k}_0) + \frac{\hbar^2}{2m_\parallel^*}(\boldsymbol{k} - \boldsymbol{k}_0)_\parallel^2 + \frac{\hbar^2}{2m_\perp^*}(\boldsymbol{k} - \boldsymbol{k}_0)_\perp^2 + \cdots \tag{4.11}$$

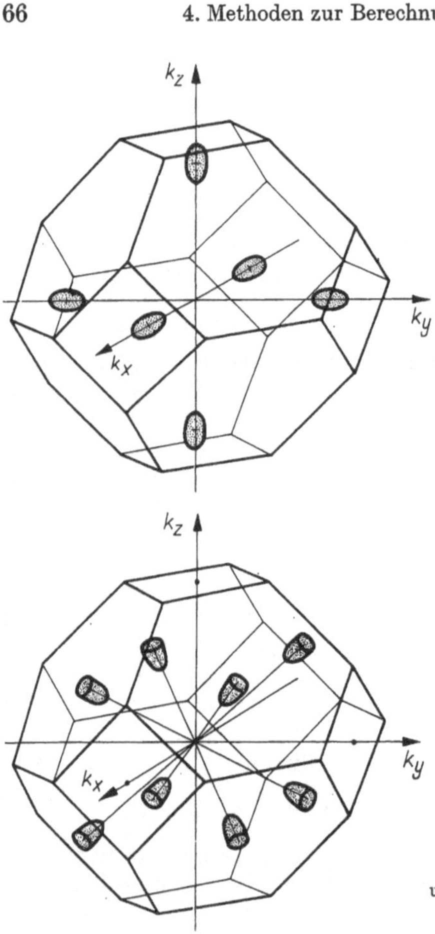

Abb. 27. Energieflächen in der Nähe der Leitungsbandkante von Silizium (*a*) und Germanium (*b*)

gegeben ist. $\boldsymbol{k}_0$ ist dabei die Lage des betrachteten Bandminimums, $(\boldsymbol{k} - \boldsymbol{k}_0)_\parallel$ bzw. $(\boldsymbol{k} - \boldsymbol{k}_0)_\perp$ sind die Komponenten von $\boldsymbol{k} - \boldsymbol{k}_0$ parallel bzw. senkrecht zur Talachse und $m_\parallel^*$ bzw. $m_\perp^*$ entsprechende effektive Massen. Da sich $m_\parallel^* > m_\perp^*$ ergibt, handelt es sich um zigarrenförmige Rotationsellipsoide (Abb. 27).

Zur Untersuchung der Valenzbandstruktur von Silizium, Germanium und InSb ziehen wir die $\boldsymbol{k} \cdot \boldsymbol{p}$-Störungsrechnung in der Umgebung des Punktes $\boldsymbol{k} = 0$ heran. Für Silizium und Germanium berücksichtigen wir nur die sechs bei $\boldsymbol{k} = 0$ miteinander entarteten Valenzbänder mit den Eigenfunktionen

$$|x\uparrow\rangle, |y\uparrow\rangle, |z\uparrow\rangle, \quad |x\downarrow\rangle, |y\downarrow\rangle, |z\downarrow\rangle.$$

Unter dem Einfluß der Spin-Bahn-Kopplung spaltet dieser 6fache Eigenwert in einen 4fachen und einen 2fachen Eigenwert auf. Die angepaßten Eigenfunktionen $|J, m_J\rangle \left(J = \frac{3}{2},\ m_J = \frac{3}{2}, \frac{1}{2}, -\frac{1}{2}, -\frac{3}{2};\ J = \frac{1}{2},\ m_J = \frac{1}{2}, -\frac{1}{2}\right)$ erhält man aus obigen Eigenfunktionen mittels der Matrix

$$\begin{bmatrix} -\frac{1}{\sqrt{2}} & -\frac{i}{\sqrt{2}} & 0 & 0 & 0 & 0 \\ 0 & 0 & \sqrt{\frac{2}{3}} & -\frac{1}{\sqrt{6}} & -\frac{i}{\sqrt{6}} & 0 \\ \frac{1}{\sqrt{6}} & -\frac{i}{\sqrt{6}} & 0 & 0 & 0 & \sqrt{\frac{2}{3}} \\ 0 & 0 & 0 & \frac{1}{\sqrt{2}} & -\frac{i}{\sqrt{2}} & 0 \\ 0 & 0 & \frac{1}{\sqrt{3}} & \frac{1}{\sqrt{3}} & \frac{i}{\sqrt{3}} & 0 \\ \frac{1}{\sqrt{3}} & -\frac{i}{\sqrt{3}} & 0 & 0 & 0 & -\frac{1}{\sqrt{3}} \end{bmatrix}.$$

Löst man die $\boldsymbol{k} \cdot \boldsymbol{p}$-Determinante im Raum der $J = \frac{3}{2}$- und $J = \frac{1}{2}$-Funktionen je für sich, so erhält man für kleine $\boldsymbol{k}$ folgenden Verlauf der 3 (durch den Spin jeweils doppelt entarteten) Bänder

$$E_{k\frac{3}{2}} = A k^2 \pm \sqrt{B^2 k^4 + C^2 (k_x^2 k_y^2 + k_y^2 k_z^2 + k_z^2 k_x^2)}$$
$$E_{k\frac{1}{2}} = A k^2 - \Delta. \qquad (4.12)$$

A, B, C sind gewisse Konstanten (siehe Appendix 6), in die Impulsmatrixelemente und Energien bei $\boldsymbol{k} = 0$ eingehen. Δ ist die Spin-Bahn-Aufspaltung des Valenzbandes. Obige Bandstruktur gilt nur für hinreichend kleine $\boldsymbol{k}$, so daß sich nicht-parabolische Effekte, d. h. Terme von höherer Ordnung als k^2, noch nicht bemerkbar machen.

Die Energie-Flächen sind für die $\frac{3}{2}$-Bänder (Band der *schweren* bzw. *leichten Löcher*) nicht kugelförmig (Abb. 28) (*warped surfaces*).

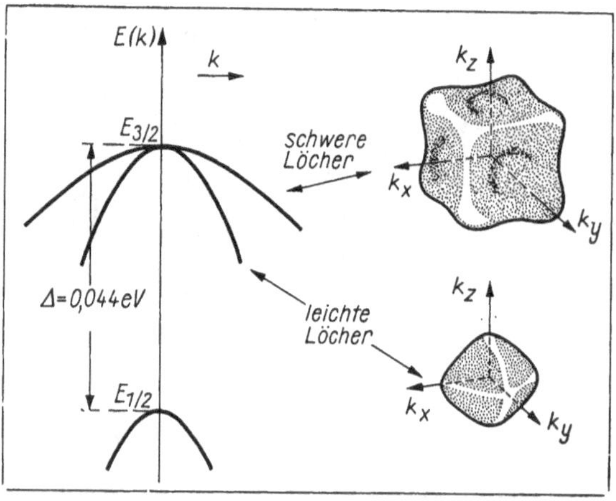

Abb. 28. Valenzbandstruktur von Silizium. Energieflächen der schweren und leichten Löcher

Zur Berechnung der Valenz- und Leitungsbänder von InSb braucht man in einfachster Näherung nur die Spin-Bahn-Aufspaltung Δ bei $\boldsymbol{k} = 0$ sowie die Kopplung des Leitungsbandes $|s\rangle$ mit dem Valenzband über das reelle Matrixelement

$$P = -\frac{i\hbar}{m}\langle s|\, p_x\,|x\rangle$$

zu berücksichtigen. Benutzt man ferner $\Delta \gg |kP|$ und $\Delta \gg E_G$ ($E_G = E_{0c} - E_{0v}$), so erhält man

$$E_{kc} = \frac{\hbar^2 k^2}{2m} + \frac{E_g}{2} + \sqrt{\frac{E_g{}^2}{4} + \frac{2}{3}P^2k^2}$$

für das Leitungsband und

$$E_{kv_1} = \frac{\hbar^2 k^2}{2m}$$

$$E_{kv_2} = \frac{\hbar^2 k^2}{2m} + \frac{E_g}{2} - \sqrt{\frac{E_g{}^2}{4} + \frac{2}{3}P^2k^2}$$

$$E_{kv_3} = -\Delta + \frac{\hbar^2 k^2}{2m} - \frac{P^2k^2}{3(E_g + \Delta)}$$

für die Valenzbänder.

Offenbar ergeben sich das Leitungsband und das 2. Valenzband als nicht-parabolische Bänder. Diese Bandstruktur wird vielen Rechnungen an InSb zugrunde gelegt (*Kanesches Modell*, Abb. 29).

4.10. Modellpotential

Zu einer vereinfachten Vorstellung vom Potential, das im Halbleiter auf ein Elektron wirkt, kommt man durch die folgenden Überlegungen.

Die empirische Tatsache, daß die Bandstrukturen für die Valenz- und Leitungsbänder der meisten Halbleiter nicht stark von den empty-lattice-Bändern der freien

Elektronen abweichen, zeigt, daß die Valenzelektronen an den Ionenrümpfen nur schwach gestreut werden. Da es aber zur Untersuchung der Bandstruktur und vieler

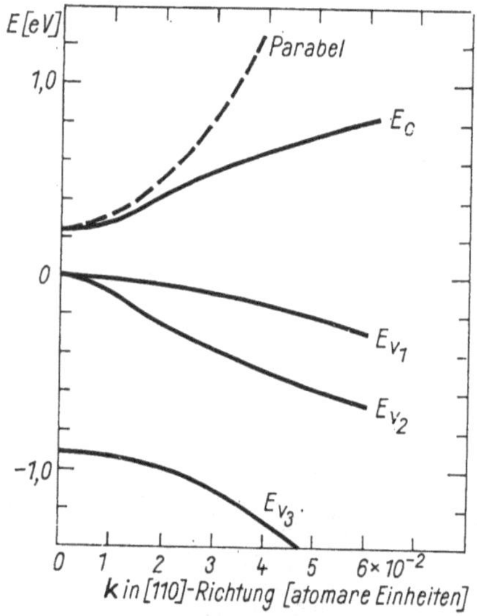

Abb. 29. Nichtparabolische Bandstruktur von InSb (Kanesches Modell)

Halbleiter-Eigenschaften nur auf die Streuung der Valenzelektronen an den Ionen ankommt, kann man die tiefen Potentialtrichter der Ionen durch schwach variable *Modellpotentiale*, die jedoch die gleichen Streuquerschnitte haben, ersetzen. Die Streuphasen δ_l^M dieser Potentiale sind also klein und unterscheiden sich um Vielfache von π von den Streuphasen der Ionenpotentiale. Das einfachste Modellpotential für ein Ion ist durch

$$w_l^{\text{ion}}(r) = \begin{cases} -A_l & r \leqq \dfrac{Ze^2}{A_l} \\ -\dfrac{Ze^2}{r} & r \geqq \dfrac{Ze^2}{A_l} \end{cases} \tag{4.13}$$

gegeben (s. Abb. 30). Z ist die Valenz. Innerhalb eines Modellradius $\frac{Ze^2}{A_l}$, der sich größenordnungsmäßig gleich dem Rumpfradius ergibt, wird das Modellpotential konstant gesetzt und die Konstante A_l so bestimmt, daß $\tan \delta_l{}^M = \tan \delta_l$ gilt. Das Modellpotential wird dadurch

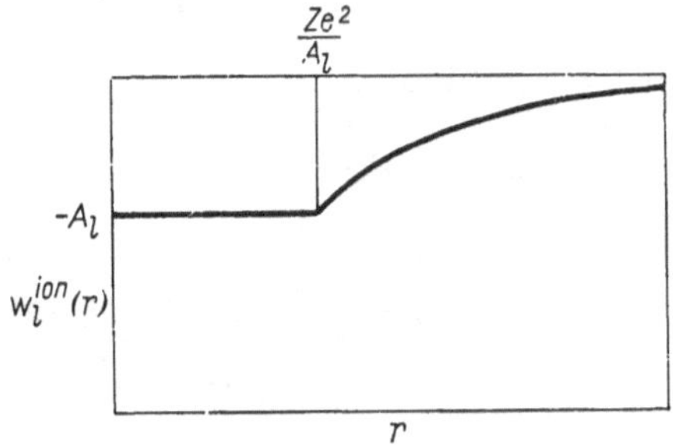

Abb. 30. Modellpotential eines Ions

für jede Partialwelle ein anderes, d. h., es wird nichtlokal. Häufig kann man jedoch von dieser Nichtlokalität absehen. Außerdem ist es ebenso wie δ_l energieabhängig. Aber auch diese Abhängigkeit ist oft nicht sehr groß.

Die Valenzelektronen werden nun an den so konstruierten Modellionen genauso gestreut wie an den richtigen Ionen und schirmen dabei die Modellionen entsprechend den Überlegungen in Kap. 3 ab. Vernachlässigt man Lokalfeldkorrekturen, so ergibt sich für die Fourier-Komponenten des abgeschirmten Modellpotentials

$$W_a(\boldsymbol{K}) = \frac{W^{\text{ion}}(\boldsymbol{K})}{\varepsilon(\boldsymbol{K})}, \tag{4.14}$$

wobei $\varepsilon(\boldsymbol{K})$ durch (3.9) bestimmt wird.

Das kristallsymmetrische Potential $W^{\text{ion}}(\boldsymbol{r})$ stellt man sich als Überlagerung von Modellpotentialen der Form (4.13) vor, so daß (bei Vernachlässigung der Nichtlokalität)

$$W^{\text{ion}}(\boldsymbol{K}) = \frac{1}{\Omega} \int_{\Omega} e^{-i\boldsymbol{K}\boldsymbol{r}} \sum_{\boldsymbol{R}} \sum_{s=1}^{S} w^{\text{ion}}(|\boldsymbol{r} - \boldsymbol{R} - \boldsymbol{\tau}_s|) \, \mathrm{d}^3\boldsymbol{r}$$
$$= w^{\text{ion}}(|\boldsymbol{K}|) \, S(\boldsymbol{K}),$$

wobei

$$\boxed{w^{\text{ion}}(q) = \frac{S}{\Omega_0} \int_{\Omega} e^{-i\boldsymbol{q}\boldsymbol{r}} w^{\text{ion}}(r) \, \mathrm{d}^3\boldsymbol{r}} \tag{4.15}$$

der *Formfaktor* des Modellions ist und

$$\boxed{S(\boldsymbol{q}) = \frac{1}{S} \sum_{\boldsymbol{K}} \sum_{s=1}^{S} e^{-i\boldsymbol{K}\boldsymbol{\tau}_s} \delta_{\boldsymbol{q}\boldsymbol{K}}} \tag{4.16}$$

der *Strukturfaktor* des untersuchten Kristalls. Eine analoge Zerlegung mit demselben Strukturfaktor gilt für das abgeschirmte Modellpotential $W_a(\boldsymbol{K})$. Der Strukturfaktor ist nur für reziproke Gitterverktoren $\boldsymbol{K}$ von Null verschieden und beschreibt so die Gitterperiodizität des Potentials. Eine Diskussion der Funktion $P_{\boldsymbol{K}\boldsymbol{K}}(\boldsymbol{q}, 0)$ (3.7) zeigt, daß $\varepsilon(\boldsymbol{q} + \boldsymbol{K}, 0)$ den in Abb. 31 gezeigten Verlauf hat. $\varepsilon(0, 0)$ ergibt sich nahezu gleich der statischen Dielektrizitätskonstanten. Für große $|\boldsymbol{q} + \boldsymbol{K}|$ nähert sich $\varepsilon(\boldsymbol{q} + \boldsymbol{K}, 0)$ dem Wert 1. Da $\varepsilon(0, 0)$ endlich ist, wird die Ionenladung im Halbleiter nicht vollständig abgeschirmt (vgl. (3.10)), und das abgeschirmte Modellpotential $W_a(\boldsymbol{K})$ wird durch eine Ladungsverteilung mit der Gesamtladung

$$-\frac{Ze}{\varepsilon(0, 0)}$$

erzeugt. Andererseits sollte die Wigner-Seitz-Zelle jedoch elektrisch neutral sein. Die Neutralitätsbedingung liefert folgende Beziehung zwischen den Diagonal- und Nichtdiagonalelementen von $\varepsilon^{-1}_{KK'}(\boldsymbol{q})$

$$\lim_{\boldsymbol{q}\to 0} \sum_{s,\boldsymbol{K}} \varepsilon^{-1}_{0\boldsymbol{K}}(\boldsymbol{q})\, \boldsymbol{q}(\boldsymbol{q}+\boldsymbol{K})\, w^{\text{ion}}(|\boldsymbol{q}+\boldsymbol{K}|)\, e^{-i\boldsymbol{K}\tau_s} = 0,$$

die *akustische Summenregel*[1]). Ist $\varepsilon^{-1}_{00}(0) \neq 0$ wie in Halbleitern, so liefert der Term mit $\boldsymbol{K} = 0$ einen endlichen Beitrag, der durch Terme mit $\boldsymbol{K} \neq 0$ kompensiert

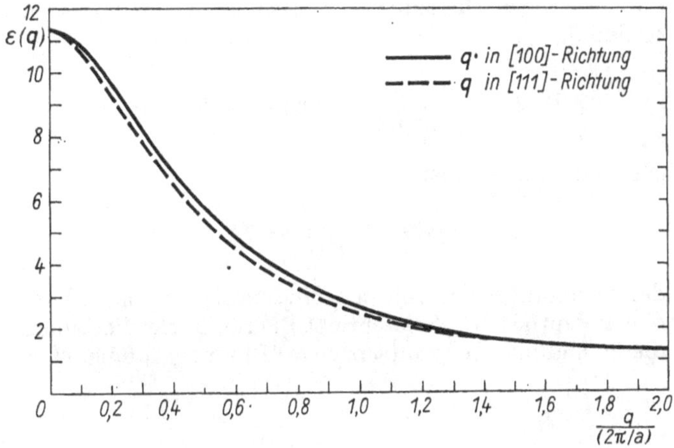

Abb. 31. Abschirmfunktion von Silizium

werden muß, d. h., $\varepsilon^{-1}_{KK'}(\boldsymbol{q})$ darf für $\boldsymbol{q} \to 0$ nicht als diagonal angenommen werden, und die Lokalfeldkorrekturen sind nicht vernachlässigbar. Die Ladung $-\dfrac{Ze}{\varepsilon(0,0)}$ des abgeschirmten Ions rührt also von der Vernachlässigung der Lokalfeldkorrekturen her.

Anschaulich stellt man sich jetzt vor, daß man diesen Fehler dadurch kompensieren kann, daß man die fehlende Ladung $\dfrac{Ze}{\varepsilon(0,0)}$ jeweils zwischen zwei nächsten

[1]) R. M. Pick, et al., Phys. Rev. **B 1**, 910 (1970)

Nachbarn konzentriert (s. Abb. 32), wo sie als *Bindungsladung* der Größe $\frac{Ze}{2\varepsilon(0,0)}$ (für Diamantstruktur) die chemische Bindung der nächsten Nachbarn aneinander bewirkt. Diese „kovalent gebundene" Ladung trägt also nicht zur Abschirmung der Ionen bei und kann als wesentlichste Lokalfeldkorrektur aufgefaßt werden.

Neben dem Beitrag (4.14) ergibt sich ein von den Bindungsladungen herrührender Beitrag zum Potential, so daß das gesamte Modellpotential durch

$$W(\boldsymbol{K}) = \frac{w^{\text{ion}}(|\boldsymbol{K}|)}{\varepsilon(\boldsymbol{K})} S(\boldsymbol{K}) + v_b(\boldsymbol{K}) S_b(\boldsymbol{K})$$

gegeben ist. Dabei ist

$$v_b(\boldsymbol{q}) = \frac{4\pi e}{q^2 \Omega_0} \varrho_b(\boldsymbol{q})$$

der Formfaktor des von der Bindungsladung herrührenden Potentials. $\varrho_b(\boldsymbol{q})$ beschreibt die räumliche Verteilung dieser Ladung. Bei punktförmiger Bindungsladung ist

$$\varrho_b(\boldsymbol{q}) = \frac{Ze}{2\varepsilon(0,0)}.$$

Der Strukturfaktor der Bindungsladungen ergibt sich aus deren Lagen in der Wigner-Seitz-Zelle (s. Abb. 32). Für die Diamantstruktur mit Standardursprung sind das die Punkte $\frac{1}{2}\boldsymbol{a}_i$ $(i = 1, 2, 3)$ und 0, so daß

$$S_b(\boldsymbol{K}) = 1 + \sum_{i=1}^{3} e^{-i\frac{1}{2}\boldsymbol{K}\boldsymbol{a}_i}.$$

Der Strukturfaktor (4.16) der Diamantstruktur ist $S(\boldsymbol{K}) = \cos\frac{1}{2}\boldsymbol{K}\boldsymbol{\tau}$, so daß für $\boldsymbol{K}_{12} = \frac{2\pi}{a}(2,2,2)$ $S(\boldsymbol{K}_{12}) = 0$ wird. Dagegen ist jedoch $S_b(\boldsymbol{K}_{12}) \neq 0$; die durch $\varrho(\boldsymbol{K}_{12})$

gegebene Ladungsverteilung rührt also allein von den Bindungsladungen her. Röntgenstrahlbeugungsexperimente an Diamant lieferten so eine Bindungsladung von $(0{,}42 \pm 0{,}10)e$ in befriedigender Übereinstimmung mit $\frac{2e}{\varepsilon(0,0)} = 0{,}35e$. Durch diesen experimentellen Befund erhält das Bindungsladungsmodell eine wesentliche Stütze.

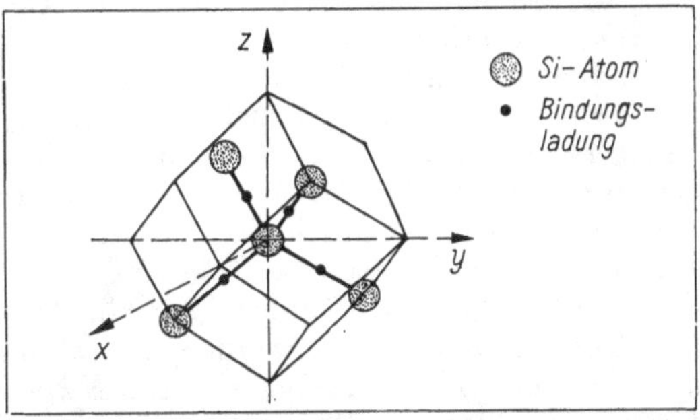

Abb. 32. Lage der vier Bindungsladungen in der Wigner-Seitz-Zelle der Diamantstruktur

Da die statische Dielektrizitätskonstante der meisten kovalent gebundenen Elementhalbleiter ziemlich groß ist (12 für Silizium, 16 für Germanium), wird die Bindungsladung und damit auch die Korrektur zum Potential relativ klein. Von entscheidender Bedeutung sind die Bindungsladungen aber für die Stabilität des Kristalls.

Eine offene Struktur, wie die Diamantstruktur mit nur vier nächsten Nachbarn, ist gegen Scherungsdeformation instabil, wenn man nur Zentralkräfte zwischen nächsten Nachbarn annimmt, wie sie durch ein Potential der Form (4.14) repräsentiert werden. Durch Einführung der Bindungsladungen jedoch wird die Diamantstruktur auch gegen Scherungskräfte stabilisiert. Erst so war es möglich, das Phononspektrum (s. Kap. 8) von Silizium in Übereinstimmung mit Neutronen-Streuexperimenten zu berechnen (vgl. Abb. 44).

5. Elektronische optische Eigenschaften

5.1. Dielektrischer Tensor

Wir untersuchen jetzt die Wechselwirkung eines Halbleiters mit elektromagnetischen Wellen im Rahmen der Maxwell-Theorie. Dabei wird der Halbleiter als ein Medium aufgefaßt, das durch einen dielektrischen Tensor $\boldsymbol{\varepsilon}(\omega)$ beschrieben werden kann. Die folgenden Untersuchungen bilden eine mikroskopische Theorie dieses Tensors. Eine derartige Beschreibungsweise ist nur dann gerechtfertigt, wenn einerseits die Wellenlänge λ der elektromagnetischen Strahlung genügend klein ist, um von der endlichen Ausdehnung des Halbleiters absehen zu können, andererseits aber auch groß genug, so daß der Halbleiter durch einen ortsunabhängigen dielektrischen Tensor beschrieben werden kann, also groß gegen die Gitterkonstante. Da für $\lambda = 400$ Å $\hbar\omega = 31$ eV ist, können wir den Wellenlängenbereich vom fernen Infrarot bis ins Gebiet der weichen Röntgenstrahlen, d. h. also die *optischen Eigenschaften* des Halbleiters, mit Hilfe der Maxwell-Theorie für ein homogenes Medium behandeln.

Wir betrachten den Halbleiter im thermodynamischen Gleichgewicht. Unter der Voraussetzung verschwindender permanenter magnetischer Momente existiert nur ein elektrisches Gleichgewichtsfeld $\boldsymbol{E}^{\text{eq}}(\boldsymbol{r})$, das mit der Gleichgewichtsladungsdichte $\varrho^{\text{eq}}(\boldsymbol{r})$ über die Beziehung

$$\operatorname{div} \boldsymbol{E}^{\text{eq}}(\boldsymbol{r}) = 4\pi\varrho^{\text{eq}}(\boldsymbol{r})$$

verknüpft ist. Schaltet man jetzt wie in Kap. 3 ein durch äußere Quellen $\varrho^{\text{ext}}(\boldsymbol{r}, t)$ und $\boldsymbol{j}^{\text{ext}}(\boldsymbol{r}, t)$ hervorgerufenes äußeres elektromagnetisches Feld $\boldsymbol{E}^{\text{ext}}(\boldsymbol{r}, t)$, $\boldsymbol{H}^{\text{ext}}(\boldsymbol{r}, t)$ ein, so induziert dieses im Festkörper eine Stromdichte $\boldsymbol{j}^{\text{ind}}(\boldsymbol{r}, t)$ und eine Ladungsdichte $\varrho^{\text{ind}}(\boldsymbol{r}, t)$, die wiederum Quellen eines induzierten elektromagnetischen Feldes $\boldsymbol{E}^{\text{ind}}(\boldsymbol{r}, t)$, $\boldsymbol{H}^{\text{ind}}(\boldsymbol{r}, t)$ sind.

Das mikroskopische Totalfeld setzt sich aus all diesen Feldern additiv zusammen

$$\boldsymbol{E}(\boldsymbol{r}, t) = \boldsymbol{E}^{\mathrm{eq}}(\boldsymbol{r}) + \boldsymbol{E}^{\mathrm{ext}}(\boldsymbol{r}, t) + \boldsymbol{E}^{\mathrm{ind}}(\boldsymbol{r}, t)$$
$$\boldsymbol{H}(\boldsymbol{r}, t) = \boldsymbol{H}^{\mathrm{ext}}(\boldsymbol{r}, t) + \boldsymbol{H}^{\mathrm{ind}}(\boldsymbol{r}, t)$$

und erfüllt die *mikroskopischen Maxwell-Gleichungen:*

$$\operatorname{div} \boldsymbol{E}(\boldsymbol{r}, t) = 4\pi\left(\varrho^{\mathrm{eq}}(\boldsymbol{r}) + \varrho^{\mathrm{ext}}(\boldsymbol{r}, t) + \varrho^{\mathrm{ind}}(\boldsymbol{r}, t)\right); \tag{5.1}$$

$$\operatorname{rot} \boldsymbol{E}(\boldsymbol{r}, t) = -\frac{1}{c}\frac{\partial}{\partial t}\boldsymbol{H}(\boldsymbol{r}, t); \tag{5.2}$$

$$\operatorname{div} \boldsymbol{H}(\boldsymbol{r}, t) = 0; \tag{5.3}$$

$$\operatorname{rot} \boldsymbol{H}(\boldsymbol{r}, t) = \frac{1}{c}\frac{\partial}{\partial t}\boldsymbol{E}(\boldsymbol{r}, t) + \frac{4\pi}{c}\left(\boldsymbol{j}^{\mathrm{ext}}(\boldsymbol{r}, t) + \boldsymbol{j}^{\mathrm{ind}}(\boldsymbol{r}, t)\right). \tag{5.4}$$

Um zu den makroskopischen Maxwell-Gleichungen überzugehen und damit zu einer Beschreibung der durch ϱ^{ind} ausgedrückten Festkörpereigenschaften mittels eines dielektrischen Tensors zu gelangen, mitteln wir die mikroskopischen Größen über eine Wigner-Seitz-Zelle und führen dadurch das makrokopische Totalfeld $\overline{\boldsymbol{E}}(\boldsymbol{r}, t)$, $\overline{\boldsymbol{H}}(\boldsymbol{r}, t)$ ein. Das läßt sich formal besonders einfach durchführen, wenn man $\boldsymbol{E}(\boldsymbol{r}, t)$ in eine Fourierreihe entwickelt:

$$\boldsymbol{E}(\boldsymbol{r}, t) = \frac{1}{\Omega}\sum_{\boldsymbol{q},\boldsymbol{K}} e^{i(\boldsymbol{q}+\boldsymbol{K})\boldsymbol{r}}\boldsymbol{E}(\boldsymbol{q} + \boldsymbol{K}, t)$$

$$\boldsymbol{E}(\boldsymbol{q} + \boldsymbol{K}, t) = \int_{\Omega} \mathrm{d}^3\boldsymbol{r}\, e^{-i(\boldsymbol{q}+\boldsymbol{K})\boldsymbol{r}}\boldsymbol{E}(\boldsymbol{r}, t),$$

wobei $\boldsymbol{q}$ reduziert ist. Dann ist definitionsgemäß

$$\overline{\boldsymbol{E}}(\boldsymbol{r}, t) = \frac{1}{\Omega}\sum_{\boldsymbol{q}} e^{i\boldsymbol{q}\boldsymbol{r}}\boldsymbol{E}(\boldsymbol{q}, t)$$

$\overline{\boldsymbol{E}}(\boldsymbol{r}, t)$ enthält ebenso wie die äußeren Felder keine kurzwelligen Komponenten mehr. Wegen der Ladungsneutralität der Wigner-Seitz-Zellen verschwindet der Mittelwert von $\varrho^{\text{eq}}(\boldsymbol{r})$ über eine Zelle.

Die *makroskopischen Maxwell-Gleichungen* lauten also

$$\operatorname{div} \overline{\boldsymbol{E}}(\boldsymbol{r}, t) = 4\pi\left(\varrho^{\text{ext}}(\boldsymbol{r}, t) + \bar{\varrho}^{\text{ind}}(\boldsymbol{r}, t)\right);$$

$$\operatorname{rot} \overline{\boldsymbol{E}}(\boldsymbol{r}, t) = -\frac{1}{c}\frac{\partial}{\partial t}\overline{\boldsymbol{H}}(\boldsymbol{r}, t);$$

$$\operatorname{div} \overline{\boldsymbol{H}}(\boldsymbol{r}, t) = 0;$$

$$\operatorname{rot} \overline{\boldsymbol{H}}(\boldsymbol{r}, t) = \frac{1}{c}\frac{\partial}{\partial t}\overline{\boldsymbol{E}}(\boldsymbol{r}, t) + \frac{4\pi}{c}\left(\boldsymbol{j}^{\text{ext}}(\boldsymbol{r}, t) + \bar{\boldsymbol{j}}^{\text{ind}}(\boldsymbol{r}, t)\right).$$

Führt man eine Fourier-Transformation bezüglich Ort und Zeit durch,

$$\overline{\boldsymbol{E}}(\boldsymbol{r}, t) = \frac{1}{\Omega}\sum_{\boldsymbol{q}}\int_{-\infty}^{\infty}\frac{\mathrm{d}\omega}{2\pi}\, e^{i(\boldsymbol{q}\boldsymbol{r}-\omega t)}\boldsymbol{E}(\boldsymbol{q}, \omega)$$

$$\boldsymbol{E}(\boldsymbol{q}, \omega) = \int_{\Omega}\mathrm{d}^3\boldsymbol{r}\int_{-\infty}^{\infty}\mathrm{d}t\, e^{-i(\boldsymbol{q}\boldsymbol{r}-\omega t)}\,\overline{\boldsymbol{E}}(\boldsymbol{r}, t),$$

so lauten die makroskopischen Maxwell-Gleichungen

$$i\boldsymbol{q}\boldsymbol{E}(\boldsymbol{q}, \omega) = 4\pi\left(\varrho^{\text{ext}}(\boldsymbol{q}, \omega) + \varrho^{\text{ind}}(\boldsymbol{q}, \omega)\right); \tag{5.5}$$

$$\boldsymbol{q}\times\boldsymbol{E}(\boldsymbol{q}, \omega) = \frac{\omega}{c}\boldsymbol{H}(\boldsymbol{q}, \omega); \tag{5.6}$$

$$\boldsymbol{q}\boldsymbol{H}(\boldsymbol{q}, \omega) = 0; \tag{5.7}$$

$$i\boldsymbol{q}\times\boldsymbol{H}(\boldsymbol{q}, \omega) = -\frac{i\omega}{c}\boldsymbol{E}(\boldsymbol{q}, \omega) + \frac{4\pi}{c}\left(\boldsymbol{j}^{\text{ext}}(\boldsymbol{q}, \omega) + \boldsymbol{j}^{\text{ind}}(\boldsymbol{q}, \omega)\right). \tag{5.8}$$

Zwischen der induzierten Stromdichte und dem elektrischen Totalfeld vermittelt der *Leitfähigkeitstensor*

$$\boxed{\boldsymbol{j}^{\text{ind}}(\boldsymbol{q}, \omega) = \sigma(\boldsymbol{q}, \omega)\, \boldsymbol{E}(\boldsymbol{q}, \omega)\,.} \tag{5.9}$$

Für verschwindende Argumente ist $\sigma(\boldsymbol{q}, \omega)$ mit der Gleichstromleitfähigkeit σ_0 identisch.

Häufig schreibt man die Maxwell-Gleichungen unter Vernachlässigung der Magnetisierung auch in der Form

$$i\, \boldsymbol{q} \boldsymbol{D}(\boldsymbol{q}, \omega) = 4\pi \varrho^{\text{ext}}(\boldsymbol{q}, \omega) \tag{5.10}$$

$$\boldsymbol{q} \times \boldsymbol{E}(\boldsymbol{q}, \omega) = \frac{\omega}{c} \boldsymbol{H}(\boldsymbol{q}, \omega) \tag{5.11}$$

$$\boldsymbol{q} \boldsymbol{H}(\boldsymbol{q}, \omega) = 0 \tag{5.12}$$

$$i\, \boldsymbol{q} \times \boldsymbol{H}(\boldsymbol{q}, \omega) = -\frac{i\,\omega}{c} \boldsymbol{D}(\boldsymbol{q}, \omega) + \frac{4\pi}{c} \boldsymbol{j}^{\text{ext}}(\boldsymbol{q}, \omega)\,, \tag{5.13}$$

wobei

$$\boldsymbol{D}(\boldsymbol{q}, \omega) = \boldsymbol{E}(\boldsymbol{q}, \omega) + 4\pi \boldsymbol{P}(\boldsymbol{q}, \omega) \tag{5.14}$$

die dielektrische Verschiebung und $\boldsymbol{P}(\boldsymbol{q}, \omega)$ die Polarisation ist. Wegen

$$-i\, \boldsymbol{q} \boldsymbol{P}(\boldsymbol{q}, \omega) = \varrho^{\text{ind}}(\boldsymbol{q}, \omega) \tag{5.15}$$

bestimmt ϱ^{ind} nur die longitudinalen Anteile von $\boldsymbol{P}$ und $\boldsymbol{D}$. Der Vergleich von (5.8) und (5.13) liefert

$$-i\omega \boldsymbol{P}(\boldsymbol{q}, \omega) = \boldsymbol{j}^{\text{ind}}(\boldsymbol{q}, \omega) = \sigma(\boldsymbol{q}, \omega)\, \boldsymbol{E}(\boldsymbol{q}, \omega)\,. \tag{5.16}$$

Man kann also analog (3.9) durch

$$\boxed{\boldsymbol{D}(\boldsymbol{q}, \omega) = \varepsilon(\boldsymbol{q}, \omega)\, \boldsymbol{E}(\boldsymbol{q}, \omega)} \tag{5.17}$$

den *dielektrischen Tensor*

$$\boxed{\varepsilon(\boldsymbol{q}, \omega) = 1 + \frac{4\pi i\, \sigma(\boldsymbol{q}, \omega)}{\omega}} \tag{5.18}$$

definieren.

Zur Behandlung der optischen Eigenschaften von Halbleitern genügt es, ein homogenes Medium zu untersuchen, wir brauchen also nur

$$\varepsilon(\omega) = \lim_{\boldsymbol{q}\to 0} \varepsilon(\boldsymbol{q}, \omega)$$

zu kennen. $\varepsilon(\omega)$ ist in kubischen Kristallen ein Skalar. Für elektromagnetische Wellen verschwinden die äußeren Quellen, und die Maxwellgleichungen (5.10) bis (5.13) liefern die Wellengleichung

$$\left(\frac{\omega^2}{c^2}\,\varepsilon(\omega) - q^2\right)\boldsymbol{E}(\boldsymbol{q}, \omega) = 0$$

mit der Lösung

$$\boldsymbol{E}(\boldsymbol{r}, t) = \boldsymbol{E}_0 e^{i(\boldsymbol{q}\boldsymbol{r} - \omega t)},$$

wobei

$$q^2 = \frac{\omega^2}{c^2}\,\varepsilon(\omega)$$

ist. Da $\varepsilon(\omega)$ im allgemeinen komplex ist, wird auch $\boldsymbol{q}$ komplex

$$\boldsymbol{q} = \boldsymbol{q}_1 + i\boldsymbol{q}_2,$$

und die Lösung ist eine abklingende ebene Welle.

Definiert man den *Absorptionskoeffizienten* $\alpha(\omega)$ als die reziproke Länge, auf der die Energiestromdichte der Welle auf den e-ten Teil abgeklungen ist, so wird

$$\alpha(\omega) = 2\,|\boldsymbol{q}_2(\omega)|.$$

Ist $\boldsymbol{q}_1$ parallel $\boldsymbol{q}_2$, so spricht man von einer *homogenen Welle*. Inhomogene Wellen entstehen in absorbierenden Medien bei schrägem Einfall. Beschränkt man sich auf homogene Wellen, so ist

$$\alpha(\omega) = \frac{2\omega}{c}\,\mathrm{Im}\,\sqrt{\varepsilon(\omega)}$$

Zerlegt man ferner $\varepsilon(\omega)$ und $\sqrt{\varepsilon(\omega)}$ in Real- und Imaginärteil,

$$\varepsilon(\omega) = \varepsilon_1(\omega) + i\varepsilon_2(\omega)$$

$$\sqrt{\varepsilon(\omega)} = n(\omega) + i\varkappa(\omega),$$

so erhält man

$$\varepsilon_1(\omega) = n^2(\omega) - \varkappa^2(\omega) \tag{5.19}$$

$$\varepsilon_2(\omega) = 2n(\omega)\,\varkappa(\omega). \tag{5.20}$$

$\sqrt{\varepsilon(\omega)}$ heißt komplexer, $n(\omega)$ reeller *Brechungsindex*, $\varkappa(\omega)$ heißt *Absorptionsindex*. Dann ist der Absorptionskoeffizient

$$\alpha(\omega) = \frac{2\omega}{c}\varkappa(\omega) = \frac{\omega}{c}\frac{\varepsilon_2(\omega)}{n(\omega)}. \tag{5.21}$$

Bei senkrechtem Einfall ist das Verhältnis der reflektierten zur einfallenden Amplitude nach den Fresnelschen Formeln durch

$$r(\omega)\,e^{i\varphi(\omega)} = \frac{\sqrt{\varepsilon(\omega)} - 1}{\sqrt{\varepsilon(\omega)} + 1}$$

gegeben. Daraus folgt für das *Reflexionsvermögen*

$$R(\omega) = \left|\frac{\sqrt{\varepsilon(\omega)} - 1}{\sqrt{\varepsilon(\omega)} + 1}\right|^2 = \frac{[1 - n(\omega)]^2 + \varkappa^2(\omega)}{[1 + n(\omega)]^2 + \varkappa^2(\omega)}.$$

Die Messung von Absorption und Reflexion $(\alpha(\omega), R(\omega))$ bzw. polarimetrische Messungen erlauben also die Bestimmung der durch $\varepsilon_1(\omega)$ und $\varepsilon_2(\omega)$ beschriebenen optischen Eigenschaften des Halbleiters.

5.2. Ehrenreich-Cohen-Formel

Die mikroskopische Theorie des elektronischen Anteils des dielektrischen Tensors stützt sich auf die Ausführungen in Kapitel 3. Wir wollen uns hier auf kubische

Kristalle beschränken. Dann ist $\varepsilon(\omega)$ skalar, und es genügt, die Reaktion des Halbleiters auf eine longitudinale Störung, z. B. eine äußere Ladungsdichte $\varrho^{\mathrm{ext}}(\boldsymbol{q}, \omega)$ zu berechnen.

Vernachlässigen wir ferner Lokalfeldkorrekturen, so erhalten wir mit (3.7) die *Ehrenreich-Cohen-Formel*:

$$\boxed{\varepsilon(\boldsymbol{q}, \omega) = 1 - \frac{4\pi e^2}{\Omega q^2} \lim_{\eta \to +0} \sum_{\substack{\boldsymbol{k}\nu \\ \boldsymbol{k}'\nu'}} |\langle \boldsymbol{k}\nu | e^{i\boldsymbol{q}\boldsymbol{r}} | \boldsymbol{k}'\nu' \rangle|^2 \, \frac{f_0(E_{\boldsymbol{k}'\nu'}) - f_0(E_{\boldsymbol{k}\nu})}{E_{\boldsymbol{k}'\nu'} - E_{\boldsymbol{k}\nu} + \hbar(\omega + i\eta)}.} \tag{5.22}$$

Zur Untersuchung der optischen Eigenschaften braucht man nur den Grenzwert dieses Ausdrucks für $\boldsymbol{q} \to 0$. Entwickelt man das Quadrat des Matrixelements[1])

$$|\langle \boldsymbol{k}\nu | e^{i\boldsymbol{q}\boldsymbol{r}} | \boldsymbol{k} - \boldsymbol{q}\nu' \rangle|^2 = \begin{cases} 1 + 0(q^2) & \text{für} \quad \nu = \nu' \\ \left(\dfrac{\hbar}{m(E_{\boldsymbol{k}\nu} - E_{\boldsymbol{k}\nu'})}\right)^2 |\boldsymbol{q}\boldsymbol{p}_{\boldsymbol{k}\nu\nu'}|^2 + 0(q^3) & \text{für} \quad \nu \neq \nu', \end{cases}$$

so erkennt man, daß eine Zerlegung der Doppelsumme in *Intra-* $(\nu = \nu')$ und *Interbandanteil* $(\nu \neq \nu')$ zweckmäßig ist $\left(\hat{\boldsymbol{q}} = \dfrac{\boldsymbol{q}}{q}\right)$:

$$\varepsilon(\boldsymbol{q}, \omega) = 1 - \frac{4\pi e^2}{\Omega q^2} \lim_{\eta \to +0} \sum_{\boldsymbol{k}\nu} \frac{f_0(E_{\boldsymbol{k}+\boldsymbol{q}\nu}) - f_0(E_{\boldsymbol{k}\nu})}{E_{\boldsymbol{k}+\boldsymbol{q}\nu} - E_{\boldsymbol{k}\nu} + \hbar(\omega + i\eta)}$$
$$- \frac{4\pi e^2 \hbar^2}{\Omega m^2} \lim_{\eta \to +0} \sum_{\boldsymbol{k}\nu\nu'} \frac{|\hat{\boldsymbol{q}}\boldsymbol{p}_{\boldsymbol{k}\nu\nu'}|^2}{(E_{\boldsymbol{k}\nu} - E_{\boldsymbol{k}\nu'})^2} \frac{f_0(E_{\boldsymbol{k}\nu'}) - f_0(E_{\boldsymbol{k}\nu})}{E_{\boldsymbol{k}\nu'} - E_{\boldsymbol{k}\nu} + \hbar(\omega + i\eta)}.$$

---

[1]) Man benutze dazu die Relation $[e^{i\boldsymbol{q}\boldsymbol{r}}, H_0] = -\frac{\hbar\boldsymbol{q}}{2m}\left(e^{i\boldsymbol{q}\boldsymbol{r}}\boldsymbol{p} + \boldsymbol{p}e^{i\boldsymbol{q}\boldsymbol{r}}\right)$.

Im Intrabandanteil entwickeln wir noch f_0 und E nach $\boldsymbol{q}$ und erhalten nach partieller Integration

$$-\lim_{\eta\to+0} \frac{4\pi e^2}{\Omega(\omega+i\eta)^2} \sum_{\boldsymbol{k}\nu} f_0(E_{\boldsymbol{k}\nu}) \left(\hat{\boldsymbol{q}}, \mathsf{m}_\nu^{*-1}(\boldsymbol{k})\, \hat{\boldsymbol{q}}\right).$$

Für vollbesetzte Bänder ist $f_0(E_{\boldsymbol{k}\nu}) = 1$ für alle $\boldsymbol{k}$, und die Summe verschwindet; vollbesetzte Bänder liefern also keinen Beitrag zum Intrabandanteil. Führt man die *Plasmafrequenz der Leitungselektronen* durch

$$\omega_p^{*2} = \frac{4\pi e^2}{\Omega} \sum_{\boldsymbol{k}\nu} f_0(E_{\boldsymbol{k}\nu})\, (\hat{\boldsymbol{q}}, \mathsf{m}_\nu^{*-1}(\boldsymbol{k})\, \hat{\boldsymbol{q}}) \tag{5.23}$$

ein, so erhält man

$$\varepsilon(\omega) = 1 - \lim_{\eta\to+0} \frac{\omega_p^{*2}}{(\omega+i\eta)^2} \tag{5.24}$$
$$- \frac{4\pi e^2 \hbar^2}{\Omega m^2} \lim_{\eta\to+0} \sum_{\boldsymbol{k}\nu\nu'} \frac{|\hat{\boldsymbol{q}}\boldsymbol{p}_{\boldsymbol{k}\nu\nu'}|^2}{(E_{\boldsymbol{k}\nu} - E_{\boldsymbol{k}\nu'})^2} \frac{f_0(E_{\boldsymbol{k}\nu'}) - f_0(E_{\boldsymbol{k}\nu})}{E_{\boldsymbol{k}\nu'} - E_{\boldsymbol{k}\nu} + \hbar(\omega+i\eta)}.$$

Den Interbandanteil formen wir mit Hilfe der *longitudinalen Oszillatorstärke* (siehe (2.13))

$$f_{\boldsymbol{k}\nu'\nu}^{\hat{\boldsymbol{q}}} = \frac{2\,|\hat{\boldsymbol{q}}\boldsymbol{p}_{\boldsymbol{k}\nu\nu'}|^2}{m(E_{\boldsymbol{k}\nu'} - E_{\boldsymbol{k}\nu})} \qquad \nu' \neq \nu \tag{5.25}$$

um, so daß schließlich für kubische Kristalle

$$\boxed{\varepsilon(\omega) = 1 - \lim_{\eta\to+0} \frac{\omega_p^{*2}}{(\omega+i\eta)^2} + \frac{4\pi e^2\hbar^2}{\Omega m} \lim_{\eta\to+0} \sum_{\boldsymbol{k}\nu\nu'} \frac{f_0(E_{\boldsymbol{k}\nu})\, f_{\boldsymbol{k}\nu'\nu}}{(E_{\boldsymbol{k}\nu'} - E_{\boldsymbol{k}\nu})^2 - \hbar^2(\omega+i\eta)^2}} \tag{5.26}$$

wird, wenn wir noch $f_{\boldsymbol{k}\nu'\nu} = \frac{1}{3}\sum_{i=1}^{3} f_{\boldsymbol{k}\nu'\nu}^{\boldsymbol{e}_i}$[1]) setzen.

[1]) $\boldsymbol{e}_i$ Einheitsvektor in i-Richtung.

Mittels (A 3.1) kann man die *dielektrische Funktion* $\varepsilon(\omega)$ leicht in Real- und Imaginärteil zerlegen:

$$\varepsilon_1(\omega) = 1 - \frac{\omega_p^{*2}}{\omega^2} + \frac{4\pi e^2 \hbar^2}{m\Omega} \mathscr{P} \sum_{k\nu\nu'}' \frac{f_0(E_{k\nu}) f_{k\nu'\nu}}{(E_{k\nu'} - E_{k\nu})^2 - \hbar^2\omega^2} \tag{5.27}$$

$$\varepsilon_2(\omega) = -\pi\,\omega_p^{*2} \frac{\mathrm{d}\delta(\omega)}{\mathrm{d}\omega} + \frac{2\pi^2 e^2 \hbar}{m\omega\Omega} \sum_{k\nu\nu'}' f_{k\nu'\nu}[f_0(E_{k\nu}) - f_0(E_{k\nu'})]\,\delta(E_{k\nu'} - E_{k\nu} + \hbar\omega). \tag{5.28}$$

Der Beitrag des Intrabandanteils zu $\varepsilon_2(\omega)$ ist singulär und verschwindet für $\omega \neq 0$.

5.3. *Interbandübergänge*

Wir diskutieren jetzt anhand der Formeln (5.27) und (5.28) die optischen Eigenschaften von Halbleitern, die durch die Wechselwirkung der Bloch-Elektronen mit der Lichtwelle hervorgerufen werden. Bezeichnet v_0 das höchste Valenzband und $c_0 = v_0 + 1$ das tiefste Leitungsband, so ist für $T = 0\,\mathrm{K}$

$$f_0(E_{k\nu}) = \begin{cases} 1 & \text{für} \quad \nu \leqq v_0 \\ 0 & \phantom{\text{für}} \quad \nu \geqq c_0, \end{cases} \tag{5.29}$$

so daß der Interbandanteil von $\varepsilon_2(\omega)$ für $\omega > 0$ durch

$$\varepsilon_2^{\text{inter}}(\omega) = \frac{2\pi^2 e^2 \hbar}{m\omega\Omega} \sum_{k} \sum_{\nu=1}^{v_0} \sum_{\nu'=c_0}^{\infty} f_{k\nu'\nu}\,\delta(E_{k\nu'} - E_{k\nu} - \hbar\omega). \tag{5.30}$$

gegeben ist. Für $\hbar\omega < E_d = \mathrm{Min}\,(E_{kc_0} - E_{kv_0})$ ist $\varepsilon_2^{\text{inter}}(\omega) = 0$, d. h., unterhalb der *direkten Bandlücke* E_d findet keine Absorption durch Interband-Elektronenübergänge statt.

Bei $\hbar\omega = E_d$ liegt die *Absorptionskante*, oberhalb derer die Absorption im allgemeinen so stark ist, daß sie dem Experiment nur in besonders günstigen Fällen zugänglich ist. Das Reflexionsvermögen ist in diesem Bereich ebenfalls groß und zeigt charakteristische Strukturen (Abb. 33). Oberhalb von etwa 10 eV fällt das Reflexionsvermögen monoton ab. Die Bandstruktur spielt hier (im *Plasmabereich*, s. Abschnitt 11.34.) keine wesentliche Rolle mehr.

Man kann (5.30) so interpretieren, daß die Absorption durch Elektronenübergänge aus Valenzbandzuständen $|\boldsymbol{k}\nu\rangle$ in Leitungsbandzustände $|\boldsymbol{k}\nu'\rangle$ bewirkt wird. Dabei bleibt also der $\boldsymbol{k}$-Vektor erhalten (*direkter Übergang*). Abbildung 34 zeigt den experimentell bestimmten Verlauf von $\varepsilon(\omega)$ für Germanium.

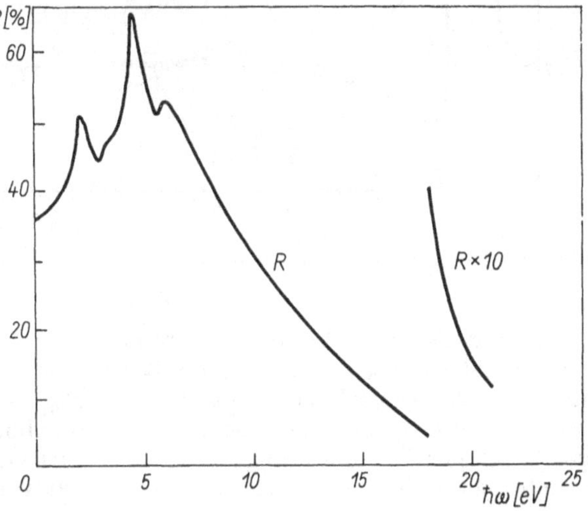

Abb. 33. Reflexionsvermögen von Germanium

Wir definieren jetzt analog (2.8) die *kombinierte Zustandsdichte* durch[1])

$$N_{\nu'\nu}(\hbar\omega) = \sum_{\boldsymbol{k}} \delta(E_{\boldsymbol{k}\nu'} - E_{\boldsymbol{k}\nu} - \hbar\omega)$$

sowie mittels

$$\nabla_{\boldsymbol{k}}(E_{\boldsymbol{k}\nu'} - E_{\boldsymbol{k}\nu}) = 0$$

die *kritischen Interbandpunkte* in der Brillouin-Zone.

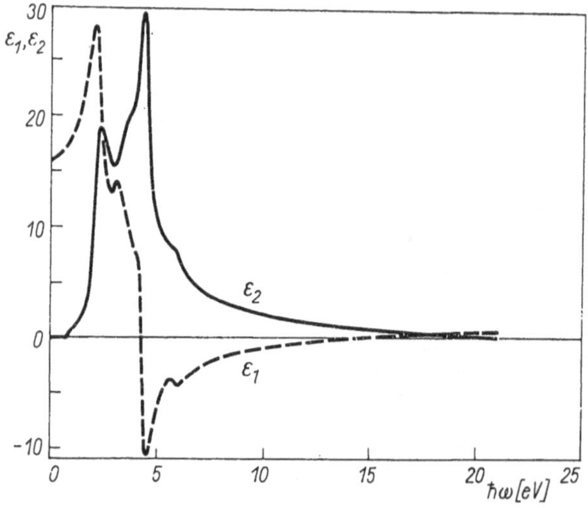

Abb. 34. Dielektrische Funktion von Germanium

Charakteristische Beiträge zu $\varepsilon_2^{\text{inter}}(\omega)$ werden von $\boldsymbol{k}$ in der Nähe kritischer Interbandpunkte geliefert. Wir betrachten als Beispiel solche $\hbar\omega$, für die $E_{\boldsymbol{k}c_0} - E_{\boldsymbol{k}v_0} = \hbar\omega$ ist und $\boldsymbol{k}$ in der Nähe eines M_0-Punktes (Abb. 16) liegt. Unter der Voraussetzung, daß die Impulsmatrixelemente sich in der Umgebung dieses M_0-Punktes nicht

[1]) Die $\boldsymbol{k}$-Summe enthält ebenso wie in (5.30) noch die Spin-Summation.

stark ändern, kann man ihren Mittelwert vor das Integral ziehen und erhält

$$\varepsilon_2^{\text{inter}}(\omega) = \frac{4\pi^2 e^2}{m^2\omega^2\Omega} \overline{|\boldsymbol{p}_{\boldsymbol{k}c_0v_0}|^2}\, N_{c_0v_0}(\hbar\omega) + \text{const}$$

$$= \frac{2\sqrt{8\overline{m}^3}e^2}{m^2\omega^2\hbar^3} \overline{|\boldsymbol{p}_{\boldsymbol{k}c_0v_0}|^2}\, \sqrt{\hbar\omega - E_d}\,\Theta(\hbar\omega - E_d) + \text{const.} \quad (5.31)$$

Dabei ist $\frac{1}{\overline{m}} = \frac{1}{m^*_{c_0}} - \frac{1}{m^*_{v_0}}$. Die Beiträge der übrigen Bandpaare sind in der additiven Konstante zusammengefaßt.

Verschwindet die Oszillatorstärke am kritischen Punkt, so nennt man den Übergang verboten. Die benachbarten Übergänge sind es dann im allgemeinen nicht, und man erhält bei der Entwicklung von $f_{\boldsymbol{k}c_0v_0}$ einen Term proportional $\hbar\omega - E_d$[1]), so daß für solche Übergänge $\varepsilon_2^{\text{inter}}(\omega) \sim (\hbar\omega - E_d)^{3/2}$ wird.

Der ideale wurzelförmige Verlauf (5.31) der Absorptionskante durch direkte, erlaubte Übergänge wird jedoch im Experiment nicht gefunden. Vielmehr spielt hier die bisher vernachlässigte Elektron-Elektron-Wechselwirkung im Auftreten von *Exzitoneneffekten* eine wichtige Rolle (s. Abschnitt 6.3.). Die oberhalb der Absorptionskante gefundene Struktur in der ω-Abhängigkeit des Reflexionsvermögens läßt sich im allgemeinen nicht einfach auf *symmetriebedingte kritische Punkte*

$$\nabla_{\boldsymbol{k}} E_{\boldsymbol{k}\nu} = \nabla_{\boldsymbol{k}} E_{\boldsymbol{k}\nu'} = 0$$

in der kombinierten Zustandsdichte zurückführen, sondern häufig entstehen die Maxima in $\varepsilon_2(\omega)$ dadurch, daß zwei Energiebänder über weite Bereiche der Brillouin-Zone nahezu parallel verlaufen.

In Abb. 35 wird für Germanium das experimentell bestimmte $\varepsilon_2(\omega)$ mit dem aus (5.30) berechneten verglichen.

[1]) Durch Entwicklung von $\boldsymbol{p}_{\boldsymbol{k}c_0v_0}$ in (5.31) um den kritischen Punkt $\boldsymbol{k}_0$ wird

$$f_{\boldsymbol{k}c_0v_0} \sim (\boldsymbol{k} - \boldsymbol{k}_0)^2 \sim E_{\boldsymbol{k}c_0} - E_{\boldsymbol{k}v_0} - E_d = \hbar\omega - E_d.$$

Dabei hat man die Bandstruktur (Abb. 36) nach der empirischen Pseudopotentialmethode berechnet und die Impulsmatrixelemente als von $\boldsymbol{k}$ unabhängig angenommen.

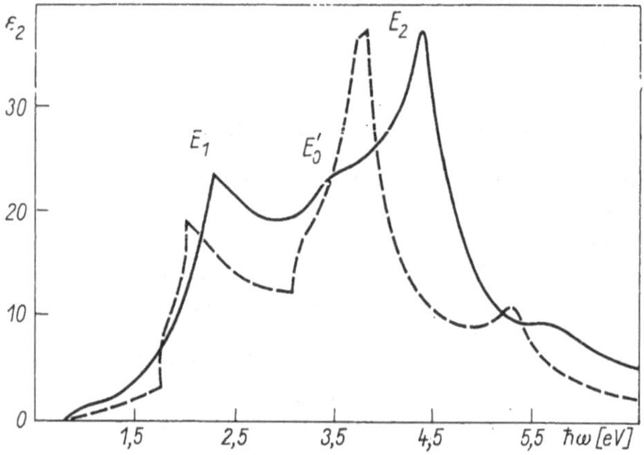

Abb. 35. Vergleich des berechneten $\varepsilon_2(\omega)$ von Germanium (gestrichelte Kurve mit den experimentellen Werten (ausgezogene Kurve)

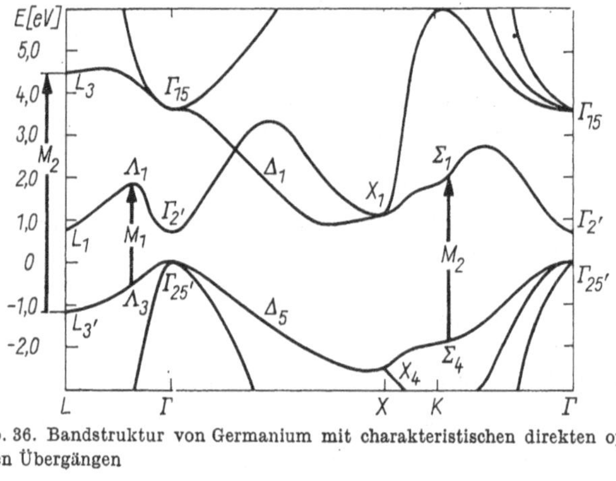

Abb. 36. Bandstruktur von Germanium mit charakteristischen direkten optischen Übergängen

Die Kurven zeigen übereinstimmend zwei charakteristische Maxima, die mit E_1 und E_2 bezeichnet werden.

E_1 kommt durch Übergänge $\Lambda_3 \to \Lambda_1$ in der Nähe der Leitungsbandminima zustande, E_2 vorwiegend durch Übergänge $\Sigma_4 \to \Sigma_1$ in der Nähe des Punktes X. Bei E_1 ist vermutlich ein kritischer M_1-Punkt, bei E_2 ein M_2-Punkt wesentlich beteiligt. Übergänge in der Nähe von $\Gamma'_{25} \to \Gamma_{15}$ deuten sich in der E_0'-Struktur leicht an. Schließlich ist bei höheren Energien der M_2-Übergang $L_3' \to L_3$ zu bemerken.

Zur genaueren Untersuchung der Strukturen im optischen Spektrum verwendet man die *Modulationsspektroskopie*, indem man z. B. die logarithmische Ableitung des Reflexionsvermögens nach der Wellenlänge bestimmt, oder man untersucht den Einfluß eines äußeren elektrischen Feldes oder einer homogenen Deformation auf den dielektrischen Tensor (*Elektro-* und *Piezoreflexion*). Dabei zeigt es sich, daß eine Interpretation der optischen Spektren durch eine einfache Analyse kritischer Punkte nur als erste Näherung dienen kann.

Bei den meisten Halbleitern liegt die Valenzbandkante im Punkt Γ und ist dreifach entartet oder doch wenigstens dreifach fast entartet, wenn man die Spin-Bahn-Aufspaltung mit berücksichtigt. Ist der betrachtete Halbleiter p-leitend, so gibt es in den oberen Valenzbändern unbesetzte Zustände, in die Elektronen aus tieferen Zuständen übergehen können. In (5.26) muß dann die Verteilungsfunktion korrekt berücksichtigt werden, wodurch $\varepsilon(\omega)$ temperaturabhängig wird.

In Germanium beträgt die Spin-Bahn-Aufspaltung etwa 0,3 eV. Die Intervalenzbandübergänge werden daher im infraroten Frequenzbereich beobachtet. Berücksichtigt man ferner, daß die Valenzbänder in Germanium zum Teil stark nicht-parabolisch sind, so kann man aus (5.28) eine Absorption berechnen, die bezüglich ihrer Frequenz- und Temperaturabhängigkeit in befriedigender Übereinstimmung mit den Experimenten ist (Abb. 37).

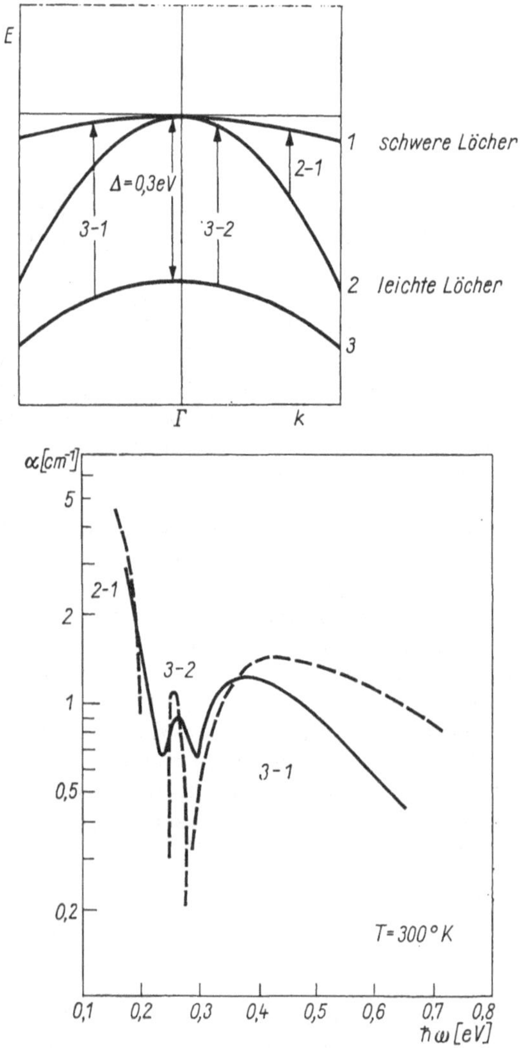

Abb. 37. Valenzbänder von Germanium (schematisch) und Intervalenzbandabsorption (- - - - berechnet, ———— Experiment)

5.4. *Plasmabereich*

Wir betrachten jetzt die optischen Eigenschaften für Energien $\hbar\omega \gtrsim 10$ eV, im sog. *Plasmabereich.*

Wegen des Energienenners nehmen die Oszillatorstärken (5.25) dem Betrage nach für wachsende Bandabstände ab. Für Silizium z. B. ist der energetische Abstand der Rumpfbänder von den Valenzbändern 80 eV, so daß Oszillatorstärken zwischen Rumpf- und Valenz- bzw. Leitungsbändern vernachlässigt werden können. In InSb dagegen liegt das d-Band des Indiums nur etwa 20 eV unterhalb der Valenzbandkante, so daß hier Oszillatorstärken mit dem d-Band für die optischen Übergänge von Bedeutung sind.

Im f-Summensatz für Valenzzustände in Silizium kann man also die Rumpfbänder $\nu' \leqq \nu_0$ vernachlässigen. Es läßt sich nun für jeden Valenzbandindex ν auch ein maximaler Bandindex $\nu_{\max}$ angeben, derart, daß

$$\sum_{\nu'=\nu_0+1}^{\nu_{max}} f_{k\nu'\nu} \approx 1 - \frac{1}{3}\frac{m}{\hbar^2}\nabla_k^2 E_{k\nu} \tag{5.32}$$

gilt. Die Größe $E_{k\nu_{\max}} - E_{k\nu}$ bezeichnet daher diejenige Energie, bei der der f-Summensatz praktisch bereits ausgeschöpft ist. Höhere Oszillatorstärken spielen also genauso wie die der Rumpfbänder im f-Summensatz keine Rolle.

Da $f_{k\nu'\nu}$ antisymmetrisch in dem Indexpaar ν, ν' ist, wird (5.27) mit (5.29) unter Vernachlässigung des kleinen Intrabandanteils

$$\varepsilon_1(\omega) = 1 + \frac{4\pi e^2\hbar^2}{m\Omega}\mathscr{P}\sum_k \sum_{\nu=1}^{v_0} \sum_{\nu'=c_0}^{\infty} \frac{f_{k\nu'\nu}}{(E_{k\nu'} - E_{k\nu})^2 - \hbar^2\omega^2}.$$

In der ν-Summe sind die Beiträge der Rumpfbänder vernachlässigbar. Für $(\hbar\omega^2) \gg (E_{k\nu_{\max}} - E_{k\nu})^2$ kann man die Energiedifferenz im Nenner vernachlässigen, da für größere Energiedifferenzen die Oszillatorstärken vernachlässigbar sind, so daß

$$\varepsilon_1(\omega) = 1 - \frac{4\pi e^2}{m\omega^2\Omega}\mathscr{P}\sum_{\boldsymbol{k}}\sum_{\nu=\nu_0+1}^{v_0}\sum_{\nu'=c_0}^{\nu_{max}} f_{\boldsymbol{k}\nu'\nu}.$$

Die ν'-Summe kann man auch auf die Valenzbänder ausdehnen, da die Doppelsumme keinen Beitrag liefert. Dann folgt mit dem f-Summensatz (5.32)

$$\boxed{\varepsilon_1(\omega) = 1 - \frac{\omega_p{}^2}{\omega^2}.}$$

Durch

$$\omega_p{}^2 = \frac{4\pi n_v e^2}{m} \tag{5.33}$$

ist dabei die *Plasmafrequenz* der Valenzelektronen definiert. Für Silizium ist $\hbar\omega_p = 17$ eV, für Germanium 15,7 eV. An dieser Stelle verschwindet der Realteil der dielektrischen Funktion (s. Abb. 34). Ist der Beitrag der Rumpfbänder nicht vernachlässigbar, so steht anstelle von ω_p eine etwas größere „effektive" Plasmafrequenz.

6. Effektivmassennäherung

6.1. Wanniersches Theorem

Der ungestörte Kristall sei im folgenden einem zusätzlichen Potential $U(\boldsymbol{r})$ unterworfen. Dem entspricht das Eigenwertproblem

$$H\psi_i(\boldsymbol{r}) = \varepsilon_i\psi_i(\boldsymbol{r}) \tag{6.1}$$

des Hamiltonoperators

$$H = H_0 + U(\boldsymbol{r}).$$

Entwickelt man $\psi_i(\boldsymbol{r})$ nach den Eigenfunktionen $\psi_{\boldsymbol{k}\nu}$ von H_0 und weiter die $\boldsymbol{k}$-abhängigen im reziproken Gitter periodischen Entwicklungskoeffizienten in eine Fourierreihe

$$\psi_i(\boldsymbol{r}) = G^{-3} \sum_{\boldsymbol{k}\nu} \sum_{\boldsymbol{R}'} F_\nu{}^i(\boldsymbol{R}')\, e^{-i\boldsymbol{k}\boldsymbol{R}'} \psi_{\boldsymbol{k}\nu}(\boldsymbol{r}), \qquad (6.2)$$

so erhält man aus (6.1)

$$\sum_{\boldsymbol{k}\nu} \sum_{\boldsymbol{R}'} F_\nu{}^i(\boldsymbol{R}')\, e^{-i\boldsymbol{k}\boldsymbol{R}'} [E_{\boldsymbol{k}\nu} + U(\boldsymbol{r}) - \varepsilon_i]\, e^{i\boldsymbol{k}\boldsymbol{r}} u_{\boldsymbol{k}\nu}(\boldsymbol{r}) = 0. \qquad (6.3)$$

Schreibt man $\boldsymbol{r} = \bar{\boldsymbol{r}} + \boldsymbol{R}$ ($\bar{\boldsymbol{r}}$ aus der Wigner-Seitz-Zelle bei $\boldsymbol{R} = 0$) und setzt weiter voraus, daß $U(\boldsymbol{r})$ nur schwach variabel ist,

$$U(\boldsymbol{r}) = U(\bar{\boldsymbol{r}} + \boldsymbol{R}) \approx U(\boldsymbol{R}), \qquad (6.4)$$

so wird (6.3)

$$\sum_\nu \left\{ \sum_{\boldsymbol{k},\boldsymbol{R}'} F_\nu{}^i(\boldsymbol{R}')\, e^{-i\boldsymbol{k}\boldsymbol{R}'} [E_{\boldsymbol{k}\nu} + U(\boldsymbol{R}) - \varepsilon_i)]\, e^{i\boldsymbol{k}\boldsymbol{R}} \right\} \cdot e^{i\boldsymbol{k}\bar{\boldsymbol{r}}} u_{\boldsymbol{k}\nu}(\bar{\boldsymbol{r}}) = 0.$$

Da für jedes $\boldsymbol{k}$ $e^{i\boldsymbol{k}\bar{\boldsymbol{r}}} u_{\boldsymbol{k}\nu}(\bar{\boldsymbol{r}})$ ein in der Wigner-Seitz-Zelle vollständiges Orthogonalsystem ist, verschwindet die geschweifte Klammer, die mit

$$E_{\boldsymbol{k}\nu} = \sum_{\boldsymbol{R}} e^{-i\boldsymbol{k}\boldsymbol{R}} E_\nu(\boldsymbol{R}) \qquad (6.5)$$

und (A 1.7) zu

$$\sum_{\boldsymbol{R}'} E_\nu(\boldsymbol{R}')\, F_\nu{}^i(\boldsymbol{R} - \boldsymbol{R}') + [U(\boldsymbol{R}) - \varepsilon_i]\, F_\nu{}^i(\boldsymbol{R}) = 0$$

wird. Durch die Näherung (6.4) entkoppeln also die Gleichungen bezüglich des Bandindex. Verallgemeinert man diese Gleichung zu einer Bestimmungsgleichung für $F_\nu{}^i(\boldsymbol{r})$

$$\sum_{\boldsymbol{R}'} E_\nu(\boldsymbol{R}')\, F_\nu{}^i(\boldsymbol{r} - \boldsymbol{R}') + [U(\boldsymbol{r}) - \varepsilon_i]\, F_\nu{}^i(\boldsymbol{r}) = 0,$$

so wird mit (6.5) und (2.2)

$$\sum_{\boldsymbol{R}} E_\nu(\boldsymbol{R})\, F_\nu{}^i(\boldsymbol{r}-\boldsymbol{R}) = \sum_{\boldsymbol{R}} E_\nu(\boldsymbol{R})\, T_{-\boldsymbol{R}} F_\nu{}^i(\boldsymbol{r})$$
$$= E_\nu(-i\,\nabla_{\boldsymbol{r}})\, F_\nu{}^i(\boldsymbol{r}),$$

und man erhält schließlich das *Wanniersche Theorem*

$$\boxed{[E_\nu(-i\nabla_{\boldsymbol{r}}) + U(\boldsymbol{r}) - \varepsilon_i]\, F_\nu{}^i(\boldsymbol{r}) = 0.} \tag{6.6}$$

Ist $F_\nu{}^i(\boldsymbol{r})$ hinreichend glatt, so kann man im Wannierschen Theorem $E_\nu(\boldsymbol{k})$ durch seine Entwicklung (z. B. an einem kritischen Punkt bei $\boldsymbol{k} = 0$)

$$E_\nu(\boldsymbol{k}) = E_0 + \frac{\hbar^2}{2}\,(\mathsf{m}_\nu^{*-1}(0)\,\boldsymbol{k}, \boldsymbol{k})$$

ersetzen und erhält die *Effektivmassen-Gleichung*

$$\boxed{\left[E_0 - \frac{\hbar^2}{2}\,(\mathsf{m}_\nu^{*-1}(0)\,\nabla_{\boldsymbol{r}}, \nabla_{\boldsymbol{r}}) + U(\boldsymbol{r}) - \varepsilon\right] F_\nu{}^i(\boldsymbol{r}) = 0.} \tag{6.7}$$

Sie hat die Form einer Schrödinger-Gleichung für ein Teilchen der (anisotropen) effektiven Masse m^*, das sich im Potential $U(\boldsymbol{r})$ bewegt. Der Einfluß des Kristallpotentials $V_0(\boldsymbol{r})$ läßt sich also in der Effektivmassen-Näherung dadurch beschreiben, daß man die Masse des Elektrons modifiziert. Voraussetzung für die Anwendbarkeit der Näherung ist die schwache Variabilität des Potentials $U(\boldsymbol{r})$. Ähnlich der Pseudopotentialgleichung gestattet die Effektivmassen-Gleichung direkt, nur die Eigenwerte ε_i zu berechnen.

Die Eigenfunktionen ergeben sich aus (6.2) mit $\boldsymbol{r} = \bar{\boldsymbol{r}} + \boldsymbol{R}$ zu

$$\psi_i(\boldsymbol{r}) = \frac{G^{-3}}{\sqrt{\Omega}} \sum_{\boldsymbol{k}\nu} \sum_{\boldsymbol{R}'} F_\nu{}^i(\boldsymbol{R}')\, e^{-i\boldsymbol{k}(\boldsymbol{R}'-\boldsymbol{R})}\, e^{i\boldsymbol{k}\bar{\boldsymbol{r}}}\, u_{\boldsymbol{k}\nu}(\bar{\boldsymbol{r}}). \tag{6.8}$$

In Effektivmassennäherung ist $F_\nu^i(\boldsymbol{R}')$ eine glatte Funktion von $\boldsymbol{R}'$, der Koeffizient von $\psi_{\boldsymbol{k}\nu}$ in (6.2) hat also bei $\boldsymbol{k} = 0$ ein ausgeprägtes Maximum, so daß man in (6.8) $e^{i\boldsymbol{k}\bar{\boldsymbol{r}}} u_{\boldsymbol{k}\nu}(\bar{\boldsymbol{r}})$ durch $u_{0\nu}(\bar{\boldsymbol{r}})$ approximieren kann. Damit wird

$$\psi_i(\boldsymbol{r}) \approx \sum_\nu F_\nu^i(\boldsymbol{R})\, \psi_{0\nu}(\bar{\boldsymbol{r}}) \approx \sum_\nu F_\nu^i(\boldsymbol{r})\, \psi_{0\nu}(\boldsymbol{r}). \tag{6.9}$$

In $\psi_i(\boldsymbol{r})$ ist über alle die Lösungen $F_\nu^i(\boldsymbol{r})$ der Wannier-Gleichung (6.6) zu summieren, die zu derselben Energie ε_i gehören. Da für verschiedene Bandindizes ν aber die Energiewerte ε_i sich im allgemeinen nicht überlappen werden, enthält also die Summe über ν in (6.9) nur einen Term

$$\psi_i(\boldsymbol{r}) \approx F_\nu^i(\boldsymbol{r})\, \psi_{0\nu}(\boldsymbol{r}).$$

ν charakterisiert dabei diejenige Wannier-Gleichung, die ε_i als Eigenwert hat. Die Tatsache, daß die ν-Summation wegfällt, ist eine Folge der durch (6.4) gemachten Annahme der schwachen Variabilität des Potentials, die in einer Entkopplung der Bänder resultiert.

Die Eigenfunktion $\psi_i(\boldsymbol{r})$ zeigt also im wesentlichen den Verlauf der *Enveloppenfunktion* $F_\nu^i(\boldsymbol{r})$. Diese ist in Effektivmassennäherung nur schwach variabel. Durch die Modulation mit dem Blochfaktor $\psi_{0\nu}(\boldsymbol{r})$ erhält $\psi_i(\boldsymbol{r})$ in der Nähe der Atome jedoch die dort typischen oszillatorischen Eigenschaften.

6.2. Energieniveaus flacher Störstellen

Lokalisierte Fremdatome, die in ihrer äußersten Elektronenschale entweder mehr oder weniger Elektronen als die Atome des Wirtsgitters besitzen, spielen in der Halbleiterphysik eine große Rolle als Quelle von Ladungsträgern. So benötigt ein Phosphor-Atom anstelle eines Silizium-Atoms in einem Silizium-Kristall nur vier seiner fünf Valenzelektronen für die kovalente Bindung an seine vier Silizium-Nachbarn und kann sein überzähliges, nur schwach gebundenes Elektron leicht abgeben und so als Elektronen-*Donator* wirken (Abb. 38). Dieses Elektron

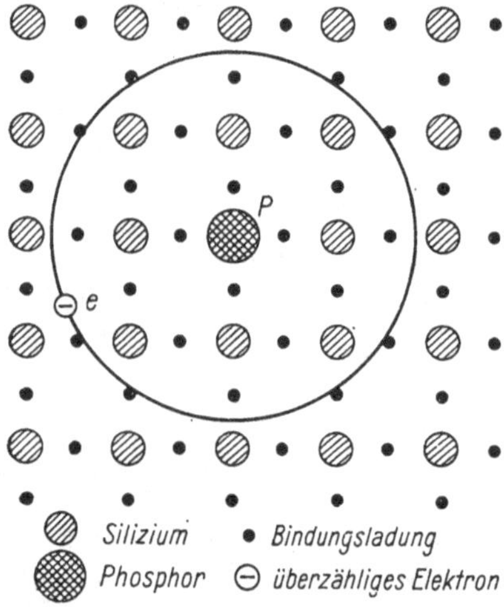

Abb. 38. Phosphor-Atom als Donator im Siliziumkristall

beteiligt sich am Ladungstransport und liefert unter Umständen einen wesentlichen Beitrag zur elektrischen Leitfähigkeit. Im Elektronenspektrum ruft das Fremdatom infolge seines Potentials $U(\boldsymbol{r})$ zusätzliche Energieniveaus dicht unter dem Leitungsband hervor, aus denen das überzählige Elektron leicht in das Leitungsband angehoben werden kann (Abb. 39).

Das Störpotential $U(\boldsymbol{r})$ ist in einfachster Näherung die Differenz der Potentiale von P^+ und Silizium, d. h. im wesentlichen das Potential der überzähligen Ladung $|e|$ im P^+-Ion, also

$$U(\boldsymbol{r}) = -\frac{e^2}{\varepsilon_s r}. \tag{6.10}$$

Da die Wellenfunktion des zusätzlichen Elektrons sich als über mehrere Gitterzellen ausgedehnt erweist, ist das Potential durch die statische Dielektrizitätskonstante ε_s

abzuschirmen. Für Silizium und Germanium ist ε_s sehr groß (12 bzw. 16), so daß $U(\boldsymbol{r})$ innerhalb einer Wigner-Seitz-Zelle nur relativ schwach variiert und wir die Effektivmassen-Näherung verwenden können. Bei isotroper

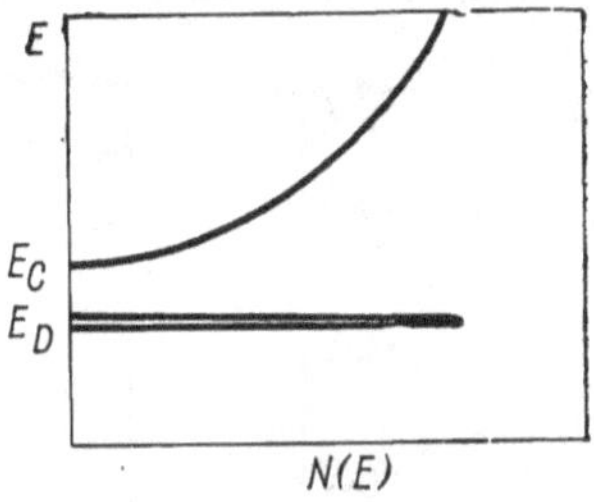

Abb. 39. Zustandsdichte in der Nähe der Leitungsbandkante mit Donator-Niveau

effektiver Masse m^* ist die Effektivmassen-Gleichung (6.7) an der Leitungsbandkante E_c identisch mit der Schrödinger-Gleichung eines Wasserstoffatoms mit dem tiefsten Eigenwert

$$\varepsilon_{(1)} = E_c - \frac{e^4 m^*}{2\hbar^2 \varepsilon_s^2}.$$

Der „Bohrsche Radius" der zugehörigen Enveloppenfunktion ist

$$a_{(1)} = \frac{\hbar^2 \varepsilon_s}{m^* e^2}.$$

So wurden besonders die höheren Störstellen-Niveaus in befriedigender Übereinstimmung mit den Experimenten berechnet (Abb. 40). Diese Niveaus liegen etwa 10^{-1} bis 10^{-2} eV unterhalb der Leitungsbandkante E_c.

Da die Aufenthaltswahrscheinlichkeit von s-Elektronen in der zentralen Zelle, die das Störatom enthält, relativ groß ist, dort aber das Störpotential stark variiert, stimmen die in Effektivmassennäherung berechneten s-Niveaus mit den Experimenten schlecht überein (Abb. 40).

Ein dreiwertiges Störatom z. B. in Silizium ist bestrebt, das für die kovalente Bindung an seine 4 Silizium-

Nachbarn fehlende Valenzelektron aus seiner Umgebung einzufangen und wirkt somit als Elektronen-*Akzeptor*. Es gibt Anlaß zu Störtermen, die 10^{-1} bis 10^{-2} eV oberhalb der Valenzbandkante liegen. Auch diese Niveaus lassen sich meist in Effektivmassen-Näherung berechnen.

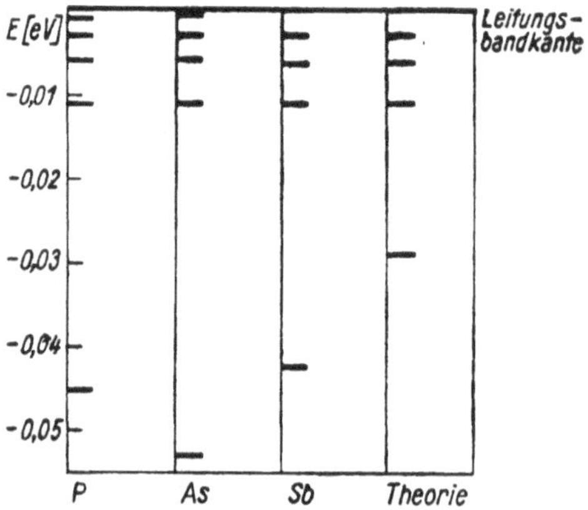

Abb. 40. Vergleich der berechneten mit den experimentellen Störniveaus für verschiedene Donatoren in Silizium

6.3. *Exzitonen*

In den optischen Eigenschaften der meisten Halbleiter spielen spezielle Vielelektroneneffekte eine Rolle, die auf Exzitonen zurückzuführen sind. Unter einem Exziton versteht man, anschaulich gesprochen, ein Elektron-Loch-Paar, das durch die zwischen beiden wirkende Coulombanziehung zusammengehalten wird. Voraussetzung dafür, daß sich ein Exziton bilden kann, ist einmal, daß Elektron und Loch etwa die gleiche Geschwindigkeit haben, wie es an kritischen Interbandpunkten der Fall ist und daß außerdem die Abschirmung der Coulombanziehung so schwach ist, daß ein gebundener Zustand auftritt.

Als einfachsten Fall betrachten wir Exzitonen in der Nähe eines M_0-Interbandpunktes bei Γ und setzen ferner voraus, daß die beiden Bänder parabolisch und sphärisch sind:

$$E_v(k) = \frac{\hbar^2 k^2}{2m_v^*} \qquad E_c(k) = E_d + \frac{\hbar^2 k^2}{2m_c^*}.$$

Der Hamiltonoperator für Elektron und Loch ist dann in einer auf zwei Teilchen verallgemeinerten Effektivmassen-Näherung

$$H = -\frac{\hbar^2 \nabla_{\boldsymbol{r}_e}^2}{2m_c^*} - \frac{\hbar^2 \nabla_{\boldsymbol{r}_h}^2}{2m_v^*} - \frac{e^2}{\varepsilon_s |\boldsymbol{r}_e - \boldsymbol{r}_h|} + E_d.$$

Transformiert man auf Schwerpunkts- und Relativkoordinate

$$\boldsymbol{X} = \frac{m_c^* \boldsymbol{r}_e + m_v^* \boldsymbol{r}_h}{m_c^* + m_v^*}$$

$$\boldsymbol{r} = \boldsymbol{r}_e - \boldsymbol{r}_h,$$

so wird

$$H = -\frac{\hbar^2 \nabla_{\boldsymbol{X}}^2}{2(m_c^* + m_v^*)} - \frac{\hbar^2 \nabla_{\boldsymbol{r}}^2}{2\mu} - \frac{e^2}{\varepsilon_s |\boldsymbol{r}|} + E_d.$$

μ ist die reduzierte Masse $\dfrac{m_c^* m_v^*}{m_c^* + m_v^*}$. H ist von $\boldsymbol{X}$ unabhängig, so daß sich die Schwerpunktbewegung abseparieren läßt. Man erhält also die Eigenfunktionen von H in der Form

$$\Phi_{\varkappa,n}(\boldsymbol{X}, \boldsymbol{r}) = e^{i\varkappa \boldsymbol{X}} F_n(\boldsymbol{r}),$$

wobei die Enveloppenfunktion $F_n(\boldsymbol{r})$ aus der Gleichung

$$\left(-\frac{\hbar^2 \nabla_{\boldsymbol{r}}^2}{2\mu} - \frac{e^2}{\varepsilon_s |\boldsymbol{r}|} - E_n\right) F_n(\boldsymbol{r}) = 0 \tag{6.11}$$

zu bestimmen ist. Die zu $\Phi_{\varkappa,n}$ gehörige Energie ist

$$E_{\varkappa,n} = \frac{\hbar^2 \varkappa^2}{2(m_c^* + m_v^*)} + E_n + E_d.$$

Da (6.11) die Schrödinger-Gleichung des Wasserstoffproblems ist, erhält man als Eigenwerte

$$E_n = -\frac{\mu e^4}{2\hbar^2 \varepsilon_s{}^2 n^2} = \frac{E_B}{n^2}.$$

E_B ist die Bindungsenergie des Exzitons. Für Germanium berechnet man $E_B = -0{,}0017$ eV für den Übergang $\Gamma'_{25} \to \Gamma_2'$. Der experimentelle Wert ist $-0{,}0025$ eV. Das Exzitonenspektrum für $\varkappa = 0$ ist also ein energetisch stark komprimiertes Wasserstoffspektrum. Die Relativbewegung von Elektron und Loch ist ähnlich der eines Elektrons in einem Wasserstoffatom, das mit einem Bohrschen Radius von $47 \cdot 10^{-8}$ cm umläuft. Dieser große Radius ist eine Folge der geringen reduzierten Masse sowie der starken Abschirmung und rechtfertigt nachträglich die Anwendung der Effektivmassen-Näherung.

In den optischen Spektren machen sich die M_0-Exzitonen einmal als Linien bei den Energien $E_{\varkappa,n}$ bemerkbar, die sich unmittelbar unterhalb der Absorptionskante be-

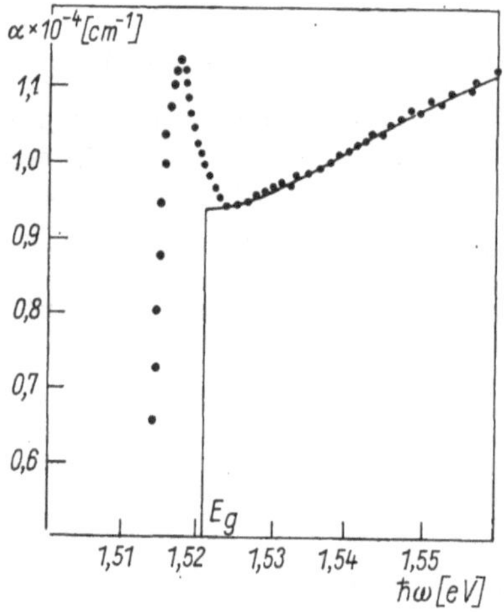

Abb. 41. Exzitonenabsorption in GaAs bei 21 K

finden. Dabei ist $\hbar\varkappa$ als Photonenimpuls vernachlässigbar. Andererseits beeinflussen Exzitoneneffekte auch die optischen Eigenschaften unmittelbar oberhalb der Absorptionskante und modifizieren erheblich danach (5.31) zu erwartenden wurzelförmigen Verlauf (Abb. 41).

7. Statistik der Ladungsträger im Gleichgewicht

7.1. Ladungsträgerdichte in den Bändern

Im thermodynamischen Gleichgewicht sind die Elektronen gemäß der Fermischen Verteilungsfunktion

$$f_0(E) = \frac{1}{e^{\frac{E-\zeta}{k_B T}} + 1} \tag{7.1}$$

über die Energiezustände verteilt. Das chemische Potential ζ ergibt sich dabei aus der Gesamtelektronendichte

$$n = \int_0^\infty \mathrm{d}E\, N(E)\, f_0(E),$$

wobei $N(E)$ die energetische Zustandsdichte ist. ζ ist von der Temperatur abhängig. Für Halbleiter ist $\zeta(T = 0\ \mathrm{K})$ definitionsgemäß kein Eigenwert des Hamiltonoperators, so daß es dann nur gefüllte (Valenz-) und leere (Leitungs-)Bänder gibt: ζ $(T = 0\ \mathrm{K})$ liegt in der Bandlücke. Für endliche Temperaturen findet man eine endliche Dichte n_c von Elektronen in den Leitungsbändern und von unbesetzten Zuständen p_v in den Valenzbändern, und zwar ist

$$n_c = \int_{E_c}^\infty \mathrm{d}E\, N(E)\, f_0(E) \tag{7.2}$$

und

$$p_v = \int_0^{E_v} \mathrm{d}E\, N(E)\, (1 - f_0(E)).$$

E_c bzw. E_v sind die Energien der Leitungs- bzw. Valenzbandkante.

In der Halbleiterphysik ist es üblich, die unbesetzten Zustände der Valenzbänder als von *Löchern* besetzte Zustände zu bezeichnen und somit eine Gleichgewichtsverteilungsfunktion für Löcher

$$1 - f_0(E) = \frac{1}{e^{\frac{\zeta - E}{k_B T}} + 1}$$

einzuführen.

Ist die Leitungsbandkante ein M_0-Punkt, so können wir die in der Nähe von E_c gültige Beziehung (2.12) für $N(E)$ im Integral für n_c benutzen[1]) und erhalten

$$n_c = n_0 \frac{2}{\sqrt{\pi}} F_{\frac{1}{2}}\left(\frac{\zeta - E_c}{k_B T}\right).$$

Dabei ist

$$F_{\frac{1}{2}}(x) = \int_0^\infty \frac{y^{\frac{1}{2}}}{e^{y-x} + 1} \mathrm{d}y$$

ein sog. *Fermi-Dirac-Integral*; die Größe

$$n_0 = z \frac{1}{4\pi^3} \left(\frac{2\pi k_B T}{\hbar^2}\right)^{\frac{3}{2}} \sqrt{m_1{}^* m_2{}^* m_3{}^*} \tag{7.3}$$

heißt *effektive Zustandsdichte* des Bandes mit einer M_0-Bandkante. z gibt die *Multiplizität der Bandkante* an, falls ein Mehrtalhalbleiter vorliegt.

Ist die Temperatur so klein, daß

$$\frac{E_c - \zeta}{k_B T} \gg 1$$

[1]) Da $f_0(E)$ exponentiell abklingt, kann man (2.12) auch für große E verwenden.

ist, so befinden sich nur wenige Elektronen im Leitungsband, das Elektronengas ist nicht entartet und man spricht von einem *nicht entarteten Halbleiter*. Da für $x \to -\infty$

$$F_{\frac{1}{2}}(x) \to \frac{\sqrt{\pi}}{2} e^x$$

gilt, so ist für nicht entartete Halbleiter

$$\boxed{n_c = n_0 e^{\frac{\zeta - E_c}{k_B T}}.} \tag{7.4}$$

Analog haben wir

$$\boxed{p_v = p_0 e^{\frac{E_v - \zeta}{k_B T}}} \tag{7.5}$$

für die Löcherdichte im Valenzband, wobei p_0 die effektive Zustandsdichte des Valenzbandes ist.

7.2. Ladungsträgerdichte in den Störstellen

Im allgemeinen enthält der Halbleiter Störstellen, die zusätzliche Energieniveaus in der Bandlücke liefern. Der Einfachheit halber wollen wir uns auf je ein Donator- und Akzeptorniveau E_D bzw. E_A beschränken. Akzeptoren sind im (von Elektronen) unbesetzten Zustand neutral, im besetzten negativ geladen, während Donatoren im besetzten Zustand neutral und im unbesetzten positiv geladen sind. Entsprechend dem Verhältnis der Dichten n_D und n_A der Donatoren und Akzeptoren unterscheidet man zwei Arten von Halbleitern.

Ist $n_D > n_A$, so spricht man von einem *n-Halbleiter*. In ihm sind bei $T = 0\,\mathrm{K}$ alle Akzeptorzustände besetzt (ionisiert) und ebensoviele Donatorzustände unbesetzt.

Die verbleibenden Donatorzustände sind neutral und können ihre Elektronen in das Leitungsband abgeben. Für $T = 0\,\mathrm{K}$ ist also $\zeta = E_D$.

Ist $n_A > n_D$, so spricht man von einem *p-Halbleiter*. In ihm sind bei $T = 0\,\mathrm{K}$ alle Donatorzustände unbesetzt (ionisiert) und ebensoviele Akzeptorzustände besetzt. Die verbleibenden Akzeptorzustände sind neutral und können Elektronen aus dem Valenzband aufnehmen (bzw. Löcher in das Valenzband abgeben). Für $T = 0\,\mathrm{K}$ ist also $\zeta = E_A$.

$\varkappa = n_A/n_D$ heißt *Kompensationsgrad*. Liegt er in der Nähe von 1, so heißt der Halbleiter *kompensiert*. Ist $n_{A'}$ die Dichte der ionisierten Akzeptoren, also die Elektronendichte in den Akzeptoren, so ist

$$n_{A'} = \frac{n_A}{g_A e^{\frac{E_A - \zeta}{k_B T}} + 1}.$$

Ist $n_{D^{\cdot}}$ die Dichte der ionisierten Donatoren, also die Löcherdichte in den Donatoren, so ist

$$n_{D^{\cdot}} = \frac{n_D}{\frac{1}{g_D} e^{\frac{\zeta - E_D}{k_B T}} + 1}.$$

Dabei sind die Faktoren g_A und g_D die *Spin-Entartungsfaktoren*, die dem Umstand Rechnung tragen, daß die lokalisierten Störstellenniveaus ein anderes statistisches Gewicht als die Zustände im Band haben. Zumeist gilt $g_A = 2,\ g_D = \frac{1}{2}$.

7.3. Bestimmung des chemischen Potentials

Das chemische Potential ζ und damit die Dichten n_c, $n_{D^{\cdot}}$, $n_{A'}$ und p_v folgen aus der Ladungsneutralität

$$\boxed{n_c + n_{A'} = p_v + n_{D^{\cdot}}.} \tag{7.6}$$

Diese Gleichung ist allgemein schwer zu diskutieren. Wir betrachten daher einige Spezialfälle.

Für nicht entartete Halbleiter folgt aus (7.4) und (7.5), daß

$$n_c p_v = n_0 p_0 e^{-\frac{E_c - E_v}{k_B T}}$$

eine Größe ist, die nicht vom chemischen Potential abhängt und damit auch von der Störstellendichte im Halbleiter unabhängig ist. Hat man einen Halbleiter ohne Störstellen (*Eigenhalbleiter*) mit den Dichten n_c^i bzw. p_v^i im Leitungs- bzw. Valenzband, so ist wegen (7.6) $n_c^i = p_v^i$, und es gilt das Massenwirkungsgesetz

$$n_c p_v = n_c^i p_v^i = (n_c^i)^2. \tag{7.7}$$

Aus (7.4) folgt dann durch Vergleich der chemischen Potentiale im Eigen- und Störstellenhalbleiter

$$\zeta = \zeta_i + k_B T \ln \frac{n_c}{n_c^i}. \tag{7.8}$$

Vergrößert man z. B. die Löcherdichte p_v um einen Faktor λ (etwa durch Vergrößerung der Akzeptorendichte n_A), so muß wegen (7.7) die Elektronendichte n_c um den Faktor $\frac{1}{\lambda}$ abnehmen, was wegen (7.8) durch Absenken des chemischen Potentials um $-k_B T \ln \lambda$ erreicht wird.

7.3.1. *Eigenhalbleiter*

Da im Eigenhalbleiter $n_A = n_D = 0$ ist, folgt aus (7.6) für den nicht-entarteten Fall

$$\boxed{\zeta = \frac{E_c + E_v}{2} + \frac{k_B T}{2} \ln \frac{p_0}{n_0}} \tag{7.9}$$

Für sphärische parabolische Bänder ist $\frac{p_0}{n_0} = \left(\frac{m_v^*}{m_c^*}\right)^{3/2}$,

wobei $m_c^* = \sqrt[3]{z^2 m_1^* m_2^* m_3^*}$ die durch $m^* = \frac{(4n_0)^{\frac{2}{3}} \pi \hbar^2}{2k_B T}$ (vgl. (7.3)) definierte *Zustandsdichte-Effektivmasse* im Leitungsband ist und m_v^* die entsprechende Masse im Valenzband. Das chemische Potential liegt also für $T = 0$ K in der Mitte der Bandlücke und hängt linear von der Temperatur ab *(Eigenleitungsgerade)*, solange T nicht so groß wird, daß die Bedingung

$$E_c - E_v \gg k_B T$$

für das nichtentartete Elektronengas verletzt wird.

7.3.2. *Kompensierter n-Halbleiter*

Wir betrachten einen Halbleiter, der pro cm³ n_D Donatoren und $n_A < n_D$ Akzeptoren enthält. Die Temperatur sei dabei so klein, daß keine Elektronen aus dem Valenzband angeregt sind $(p_v = 0)$ und daß alle Akzeptoren ionisiert sind $(n_{A'} = n_A)$, d. h., es sei

$$\zeta - E_A \gg k_B T.$$

Dann lautet die Neutralitätsbedingung (7.6)

$$n_c + n_A = n_{D^\cdot} = \frac{n_D}{\frac{1}{g_D} e^{\frac{\zeta - E_D}{k_B T}} + 1}.$$

Ist ferner das Elektronengas im Leitungsband nicht entartet, so erhält man mit (7.4) für $e^{\zeta/k_B T}$ bzw. n_c eine quadratische Gleichung mit der Lösung

$$\frac{n_c}{n_D} = -\frac{1}{2}(\varkappa + \eta) + \sqrt{\frac{1}{4}(\varkappa + \eta)^2 + (1 - \varkappa)\,\eta}, \quad (7.10)$$

wobei

$$\eta = \frac{n_0 g_D e^{-\frac{E_c - E_D}{k_B T}}}{n_D}$$

eine monoton wachsende Funktion der Temperatur ist. Bei der Diskussion von (7.10) kann man drei Temperaturbereiche unterscheiden:

1. $\eta \ll \varkappa$ (Tiefe Temperaturen)

$$n_c = \frac{n_D - n_A}{n_A} n_0 g_D e^{\frac{E_D - E_c}{k_B T}}$$

$$\zeta = E_D + k_B T \ln \left(\frac{n_D - n_A}{n_A} g_D \right).$$

Für $T = 0$ K ist $n_c = 0$, es sind also keine Elektronen im Leitungsband, und $\zeta = E_D$. Mit wachsender Temperatur nimmt n_c exponentiell zu. Aus dem Anstieg der

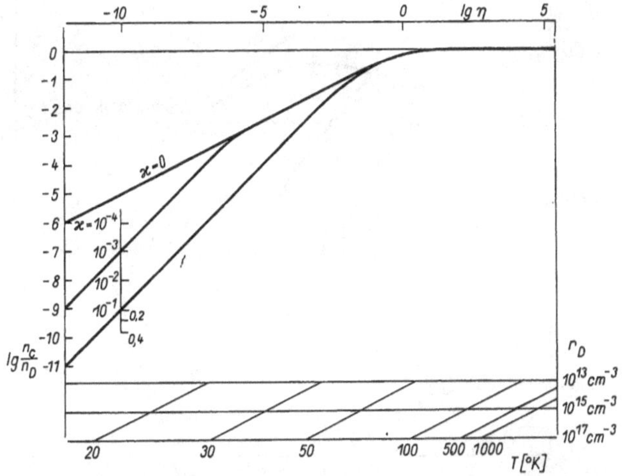

Abb. 42. Temperaturabhängigkeit der Dichte der Leitungselektronen für verschiedene Donatorkonzentrationen n_D und verschiedene Kompensationsgrade $\varkappa$ (Phosphor in Silizium; $E_c - E_D = k_B$ (522 K)) Die Temperaturskala verschiebt sich für die verschiedenen Donatorkonzentrationen n_D

$\log n_c$ *vs* $\frac{1}{T}$-Kurve läßt sich $E_c - E_D$ bestimmen (vgl. Abb. 42). Auch ζ wächst zunächst linear mit T (Abb. 43).

2. $\eta \approx \varkappa$ und $\varkappa \ll 1$

$$n_c = \sqrt{(n_D - n_A)\, n_0 g_D}\; e^{\frac{E_D - E_c}{2 k_B T}}$$

$$\zeta = \frac{E_c + E_D}{2} + \frac{1}{2} k_B T \ln\left(\frac{n_D - n_A}{n_0} g_D\right).$$

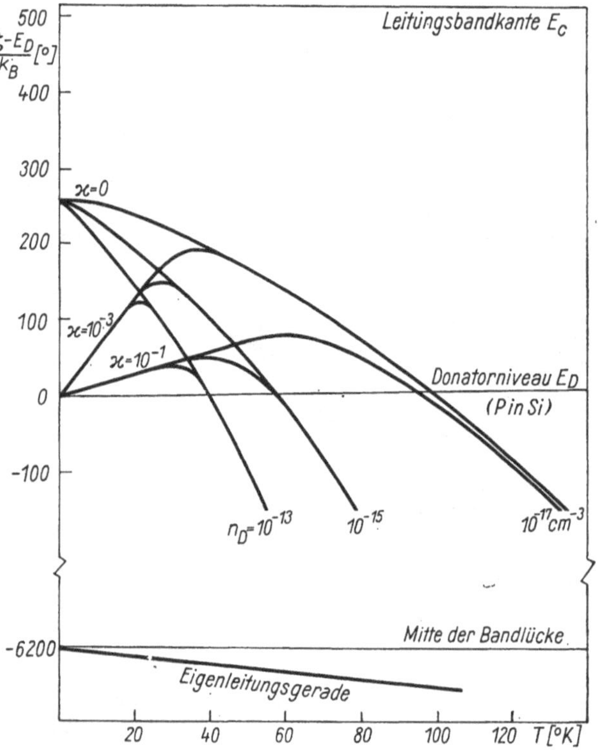

Abb. 43. Temperaturabhängigkeit des chemischen Potentials (ζ/k_B in Grad gemessen) für verschiedene Donatorkonzentrationen n_D und verschiedene Kompensationsgrade $\varkappa$. Für hohe Temperaturen nähern sich die Kurven der Eigenleitungsgeraden (vgl. (7.9)) (Phosphor in Silizium; $E_c - E_D = k_B\,(522\,\mathrm{K})$)

3. $\eta \gg \varkappa$ (Hohe Temperaturen)

$$n_c = n_D - n_A$$

$$\zeta = E_c + k_B T \ln \frac{n_D - n_A}{n_0}.$$

Die Donatoren sind alle entleert. Die Elektronendichte im Leitungsband ist stationär geworden (vgl. Abb. 42). Bei noch höheren Temperaturen wächst n_c schließlich wieder exponentiell an, wenn Elektronen aus dem Valenzband angeregt werden und damit der Eigenleitungsbereich beginnt (vgl. 7.9). Das chemische Potential ζ ist dann bis in die Mitte der Bandlücke abgefallen und nähert sich asymptotisch der Eigenleitungs-Geraden (Abb. 43). Dann ist jedoch die Voraussetzung $p_v = 0$ dieser Rechnung nicht mehr erfüllt.

Ist $\varkappa = 0$, so erstreckt sich der Übergangsbereich 2 bis $T = 0$ K. Für stark kompensierte Halbleiter ist der Bereich 2 nicht ausgeprägt. Für $\varkappa \neq 0$ durchläuft ζ ein Maximum, das bei um so höheren Temperaturen liegt, je größer n_A ist.

Analoge Ergebnisse findet man für p-Halbleiter.

8. Gitterschwingungen

8.1. Phononen

Während wir bisher stets die Kerne an ihren Ruhelagen $\boldsymbol{R} + \boldsymbol{\tau}_s$ fixiert annahmen, wollen wir jetzt die durch ihre thermische Bewegung bedingten Verrückungen $\boldsymbol{u}_{\boldsymbol{R}}^s$ näher untersuchen. Dabei nimmt die zuvor minimale Energie des Systems um

$$\frac{1}{2} \sum_{\boldsymbol{R}s} M_s \left(\dot{\boldsymbol{u}}_{\boldsymbol{R}}^s\right)^2 + E_{\text{pot}}\left(\boldsymbol{u}_{\boldsymbol{R}}^s\right)$$

zu. M_s ist die Masse des s-ten Atoms in einer Wigner-Seitz-Zelle.

Für kleine Verrückungen, die wir hier allein betrachten wollen, können wir $E_{\text{pot}}(\boldsymbol{u}^s_{\boldsymbol{R}})$ nach $\boldsymbol{u}^s_{\boldsymbol{R}}$ entwickeln und nach dem ersten nichtverschwindenden Glied abbrechen (*harmonische Näherung*):

$$E_{\text{pot}}(\boldsymbol{u}^s_{\boldsymbol{R}}) = \frac{1}{2} \sum_{\substack{\boldsymbol{R}\boldsymbol{R}' \\ ss' \\ jj'}} D^{ss'}_{\substack{\boldsymbol{R}\boldsymbol{R}' \\ jj'}} u^s_{\boldsymbol{R}j} u^{s'}_{\boldsymbol{R}'j'}, \quad D^{ss'}_{\substack{\boldsymbol{R}\boldsymbol{R}' \\ jj'}} = \left. \frac{\partial^2 E_{\text{pot}}}{\partial u^s_{\boldsymbol{R}j} \, \partial u^{s'}_{\boldsymbol{R}'j'}} \right|_{u=0} .$$

Offenbar gilt für die *Kraftkonstanten*

$$D^{ss'}_{\substack{\boldsymbol{R}\boldsymbol{R}' \\ jj'}} = D^{s's}_{\substack{\boldsymbol{R}'\boldsymbol{R} \\ j'j}} .$$

Aus der Translationsinvarianz des Systems folgt weiter

$$D^{s\ \ s'}_{\substack{\boldsymbol{R}+\boldsymbol{R}_0\ \boldsymbol{R}'+\boldsymbol{R}_0 \\ j\ \ j'}} = D^{ss'}_{\substack{\boldsymbol{R}\boldsymbol{R}' \\ jj'}} \tag{8.1}$$

für alle Gittervektoren $\boldsymbol{R}_0$.

Durch eine kanonische Transformation

$$u = Uq$$

führen wir anstelle der Verrückungen u neue Variable q, die *Normalkoordinaten*, derart ein, daß die Matrix $D' = U^+ D U$ diagonal wird. Wegen der Gitterperiodizität (8.1) führen wir zunächst eine Fouriertransformation

$$\overline{U}'^{s\ \ s'}_{\boldsymbol{R}j\ \boldsymbol{w}j'} = \frac{G^{-\frac{3}{2}}}{\sqrt{M_s}} \delta_{jj'} \delta_{ss'} e^{i\boldsymbol{w}\boldsymbol{R}}$$

durch. $\boldsymbol{w}$ läuft über alle G^3 gemäß der periodischen Randbedingung erlaubten Vektoren der Brillouin-Zone.

D wird durch diese Transformation in $3S$-dimensionale Blöcke

$$\boxed{D^{ss'}_{jj'}(\boldsymbol{w}) = \frac{1}{\sqrt{M_s M_{s'}}} \sum_{\boldsymbol{R}} D^{ss'}_{\substack{\boldsymbol{R}0 \\ jj'}} e^{-i\boldsymbol{w}\boldsymbol{R}}} \tag{8.2}$$

grob diagonalisiert.

Die *dynamische Matrix* $D^{ss'}_{jj'}(\boldsymbol{w})$ wird schließlich durch die *Polarisationsmatrix* $e^{s}_{j\alpha}(\boldsymbol{w})$ diagonalisiert ($\alpha = 1, \ldots, 3S$)

$$e(\boldsymbol{w})^{+} D(\boldsymbol{w})\, e(\boldsymbol{w}) = \omega^2(\boldsymbol{w})\,. \tag{8.3}$$

$\omega^2(\boldsymbol{w})$ ist dabei eine $3S$-dimensionale Diagonalmatrix, deren Matrixelemente $\omega_\alpha{}^2(\boldsymbol{w})$ die Eigenwerte der Matrix D der Kraftkonstanten sind. Aus der Stabilität des Kristalls folgt, daß $\omega_\alpha{}^2(\boldsymbol{w})$ positiv ist. Die $3S$-dimensionalen Spalten der Polarisationsmatrix sind die Eigenvektoren von $D(\boldsymbol{w})$ und heißen *Polarisationsvektoren.* Wir orthonormieren sie

$$\sum_{s,j} \left[e^{s}_{j\alpha'}(\boldsymbol{w})\right]^* e^{s}_{j\alpha}(\boldsymbol{w}) = \delta_{\alpha\alpha'} \tag{8.4}$$

und können sie wegen $D(-\boldsymbol{w}) = D^*(\boldsymbol{w})$ so wählen, daß

$$e^{s}_{j\alpha}(\boldsymbol{w}) = \left[e^{s}_{j\alpha}(-\boldsymbol{w})\right]^* \tag{8.5}$$

gilt. Ferner ist $\omega_\alpha{}^2(-\boldsymbol{w}) = \omega_\alpha{}^2(\boldsymbol{w})$.

In voller Analogie zu den unendlich vielen Energiebändern $E_\nu(\boldsymbol{k})$ der Bloch-Elektronen ergeben sich aus der Eigenwertgleichung (8.3) der dynamischen Matrix $D(\boldsymbol{w})$ die 3S *Schwingungszweige* $\omega_\alpha(\boldsymbol{w})$.

Da die kanonische Transformation U die Form

$$U^{s}_{\boldsymbol{R}j\,\boldsymbol{w}\alpha} = \frac{G^{-\frac{3}{2}}}{\sqrt{M_s}}\, e^{s}_{j\alpha}(\boldsymbol{w})\, e^{i\boldsymbol{w}\boldsymbol{R}} \tag{8.6}$$

erhält und $u^{s}_{\boldsymbol{R}j}$ reell ist, folgt mit (8.5)

$$q_\alpha(-\boldsymbol{w}) = q_\alpha{}^*(\boldsymbol{w})\,.$$

Die kinetische Energie ist dann

$$E_{\text{kin}} = \frac{1}{2}\sum_{\boldsymbol{R}s} M_s(\dot{\boldsymbol{u}}^{s}_{\boldsymbol{R}})^2 = \frac{1}{2}\sum_{\boldsymbol{w}\alpha} \dot{q}_\alpha{}^*(\boldsymbol{w})\, \dot{q}_\alpha(\boldsymbol{w})\,,$$

so daß der zu $q_\alpha(\boldsymbol{w})$ kanonische konjugierte Impuls

$$p_\alpha(\boldsymbol{w}) = \frac{\partial E_{\text{kin}}}{\partial \dot{q}_\alpha(\boldsymbol{w})} = \dot{q}_\alpha{}^*(\boldsymbol{w})$$

wird und schließlich die Hamilton-Funktion des Systems verkoppelt schwingender Kristallatome

$$H = \frac{1}{2} \sum_{\boldsymbol{w}\alpha} [p_\alpha(\boldsymbol{w})\, p_\alpha{}^*(\boldsymbol{w}) + \omega_\alpha{}^2(\boldsymbol{w})\, q_\alpha(\boldsymbol{w})\, q_\alpha{}^*(\boldsymbol{w})]. \qquad (8.7)$$

Dasselbe ist damit auf ein System von $3\,S\,G^3$ ungekoppelten linearen Oszillatoren abgebildet, deren Ortskoordinaten die Normalkoordinaten $q_\alpha(\boldsymbol{w})$ sind.

Der Hamilton-Operator ergibt sich aus (8.7), indem wir $q_\alpha(\boldsymbol{w})$ und $p_\alpha(\boldsymbol{w})$ den Vertauschungsrelationen

$$[q_\alpha(\boldsymbol{w}), p_{\alpha'}(\boldsymbol{w}')] = i\hbar\, \delta_{\boldsymbol{w}\boldsymbol{w}'}\, \delta_{\alpha\alpha'} \qquad (8.8)$$

unterwerfen. Führt man durch

$$b_\alpha(\boldsymbol{w}) = \sqrt{\frac{\omega_\alpha(\boldsymbol{w})}{2\hbar}} \left[q_\alpha(\boldsymbol{w}) + \frac{i}{\omega_\alpha(\boldsymbol{w})}\, p_\alpha{}^+(\boldsymbol{w})\right] \qquad (8.9)$$

Vernichtungsoperatoren ein, so wird mit

$$q_\alpha{}^+(\boldsymbol{w}) = q_\alpha(-\boldsymbol{w}), \quad p_\alpha{}^+(\boldsymbol{w}) = p_\alpha(-\boldsymbol{w})$$

aus (8.8)

$$[b_\alpha(\boldsymbol{w}), b_{\alpha'}^+(\boldsymbol{w}')] = \delta_{\boldsymbol{w}\boldsymbol{w}'}\, \delta_{\alpha\alpha'}$$

und der Hamilton-Operator erhält die Form

$$\boxed{H = \sum_{\boldsymbol{w}\alpha} \hbar\,\omega_\alpha(\boldsymbol{w}) \left\{b_\alpha{}^+(\boldsymbol{w})\, b_\alpha(\boldsymbol{w}) + \frac{1}{2}\right\}.} \qquad (8.10)$$

Der hier auftretende hermitesche Operator $b_\alpha{}^+(\boldsymbol{w})\, b_\alpha(\boldsymbol{w})$, der *Teilchenzahl-Operator*, hat, wie aus den Vertauschungsrelationen der $b_\alpha(\boldsymbol{w})$ und $b_\alpha{}^+(\boldsymbol{w})$ folgt, die Eigenwerte

$$n_\alpha(\boldsymbol{w}) = 0, 1, 2, \ldots$$

Also sind die Eigenlösungen von H in Teilchenzahldarstellung

$$| \ldots n_\alpha(\boldsymbol{w}) \ldots \rangle, \quad E_{\ldots n_\alpha(\boldsymbol{w}), \ldots} = \sum_{\boldsymbol{w}\alpha} \hbar\,\omega_\alpha(\boldsymbol{w}) \left\{ n_\alpha(\boldsymbol{w}) + \frac{1}{2} \right\}.$$

Auf diese Eigenvektoren von H wirken die Erzeugungs- und Vernichtungsoperatoren wie folgt:

$$b_\alpha^+(\boldsymbol{w}) \,|\ldots n_\alpha(\boldsymbol{w}) \ldots\rangle = \sqrt{n_\alpha(\boldsymbol{w}) + 1}\, |\ldots, n_\alpha(\boldsymbol{w}) + 1, \ldots\rangle$$

$$b_\alpha(\boldsymbol{w}) \,|\ldots n_\alpha(\boldsymbol{w}) \ldots\rangle = \sqrt{n_\alpha(\boldsymbol{w})}\, |\ldots, n_\alpha(\boldsymbol{w}) - 1, \ldots\rangle.$$

Ein stationärer Zustand des Systems der miteinander gekoppelten Atome des Kristalls läßt sich also durch den Satz der ganzen Zahlen $n_\alpha(\boldsymbol{w})$ beschreiben, welcher angibt, wie viele Quanten $\hbar\,\omega_\alpha(\boldsymbol{w})$ sich auf den Oszillatoren $(\boldsymbol{w}, \alpha)$ befinden.

Man bezeichnet diese Energiequanten als *Phononen*. Die Anwendung von $b_\alpha(\boldsymbol{w})$ bzw. $b_\alpha^+(\boldsymbol{w})$ auf einen stationären Phononzustand erniedrigt bzw. erhöht dann also die Phononzahl auf dem Oszillator $(\boldsymbol{w}, \alpha)$ um Eins.

Für die Verrückung, ausgedrückt durch die Erzeugungs- und Vernichtungsoperatoren, erhält man mit (8.6) und (8.9)

$$\boxed{\begin{aligned} u^s_{\boldsymbol{R}j} = G^{-\frac{3}{2}} \sum_{\boldsymbol{w}\alpha} \sqrt{\frac{\hbar}{2M_s\omega_\alpha(\boldsymbol{w})}} \Big\{ & e^s_{j\alpha}(\boldsymbol{w})\, b_\alpha(\boldsymbol{w})\, e^{i\boldsymbol{w}\boldsymbol{R}} \\ & + \big(e^s_{j\alpha}(\boldsymbol{w})\big)^* \, b_\alpha^+(\boldsymbol{w})\, e^{-i\boldsymbol{w}\boldsymbol{R}} \Big\}. \end{aligned}} \quad (8.11)$$

Jede Eigenschwingung $(\boldsymbol{w}, \alpha)$ des Kristalls liefert zu $u^s_{\boldsymbol{R}j}$ einen Beitrag, dessen Richtung durch den $3S$-dimensionalen Polarisationsvektor $e^s_{j\alpha}(\boldsymbol{w})$ festgelegt wird. Dieser setzt sich aus S gewöhnlichen dreidimensionalen Vektoren $e^s_{j\alpha}(\boldsymbol{w})$ (s fest) zusammen, welche für jedes Atom der Basis seine Schwingungsrichtung bestimmen.

Für gewisse Symmetrierichtungen ergeben sich die Polarisationsvektoren so, daß die S Vektoren $e^s_{j\alpha}(\boldsymbol{w})$

(s fest) entweder parallel oder senkrecht zu $\boldsymbol{w}$ sind. Die Basisatome schwingen dann also entweder longitudinal oder transversal.

8.2. Phononen kleiner $\boldsymbol{w}$-Vektoren

Zur Lösung des Eigenwertproblems (8.3) für kleine $|\boldsymbol{w}|$ ist es zweckmäßig, $D(\boldsymbol{w})$ zunächst mittels

$$\varepsilon_{jj'}^{ss'}(\boldsymbol{w}) = \delta_{jj'}\delta_{ss'}e^{i\boldsymbol{w}\boldsymbol{r}_s}$$

in $\bar{D}(\boldsymbol{w}) = \varepsilon^+(\boldsymbol{w})\,D(\boldsymbol{w})\,\varepsilon(\boldsymbol{w})$ zu transformieren und dann erst alle in dem Eigenwertproblem

$$\bar{D}(\boldsymbol{w})\,\bar{e}(\boldsymbol{w}) = \bar{e}(\boldsymbol{w})\,\omega^2(\boldsymbol{w}) \tag{8.12}$$

vorkommenden Matrizen nach $\boldsymbol{w} = w\hat{\boldsymbol{w}}$ zu entwickeln:

$$\bar{D}(\boldsymbol{w}) = D(0) + iw\boldsymbol{D}_1(\hat{\boldsymbol{w}}) +$$

$$\bar{e}(\boldsymbol{w}) = e_0(\hat{\boldsymbol{w}}) + iwe_1(\hat{\boldsymbol{w}}) + \cdots$$

$$\omega^2(\boldsymbol{w}) = \omega^2(0) + w\Omega_1(\hat{\boldsymbol{w}}) + \cdots$$

Aus (8.12) folgen dann in 0. und 1. Ordnung in $\boldsymbol{w}$:

$$D(0)\,e_0(\hat{\boldsymbol{w}}) = e_0(\hat{\boldsymbol{w}})\,\omega^2(0) \tag{8.13}$$

$$\hat{\boldsymbol{w}}\boldsymbol{D}_1(\hat{\boldsymbol{w}})\,e_0(\hat{\boldsymbol{w}}) + D(0)\,e_1(\hat{\boldsymbol{w}}) = e_1(\hat{\boldsymbol{w}})\,\omega^2(0) - i\,e_0(\hat{\boldsymbol{w}})\,\Omega_1(\hat{\boldsymbol{w}}). \tag{8.14}$$

Zunächst betrachten wir Gleichung (8.13). Sie bestimmt die Eigenschwingungen für $\boldsymbol{w} = 0$. Wir zeigen jetzt, daß es immer drei Schwingungszweige gibt, deren Frequenzen bei $\boldsymbol{w} = 0$ verschwinden:

$$\omega_\alpha(0) = 0 \qquad \alpha = 1, 2, 3.$$

Man nennt sie *akustische*, die übrigen $3S-3$ *optische Schwingungszweige*. Bei Kristallen ohne Basis fehlen die optischen Zweige.

Zu dieser allgemeinen Unterteilung der $3S$ Schwingungszweige der Phononen kommt man durch folgende Betrachtungen. Wir denken uns einen gemäß $\overset{s}{u}_{\boldsymbol{R}j}$ verspannten Kristall um den infinitesimalen Vektor $u'^{s}_{\boldsymbol{R}j} = \varepsilon\,\delta_{ij}$ in i-Richtung verschoben, wodurch natürlich keine zusätzliche Veränderung der potentiellen Energie auftritt, d. h., es ist

$$0 = \frac{1}{2} \sum_{\substack{\boldsymbol{RR}'\\ ss'\\ jj'}} D^{ss'}_{\substack{\boldsymbol{RR}'\\ jj'}} \left\{(\overset{s}{u}_{\boldsymbol{R}j} + \varepsilon\delta_{ij})\,(\overset{s'}{u}_{\boldsymbol{R}'j'} + \varepsilon\delta_{ij'}) - \overset{s}{u}_{\boldsymbol{R}j}\,\overset{s'}{u}_{\boldsymbol{R}'j'}\right\}$$

$$= \varepsilon \sum_{\substack{\boldsymbol{RR}'\\ ss'\\ j}} D^{ss'}_{\substack{\boldsymbol{RR}'\\ ji}} \overset{s}{u}_{\boldsymbol{R}j}\,.$$

Da dies für alle Verrückungen $\overset{s}{u}_{\boldsymbol{R}j}$ gilt, folgt

$$\sum_{\boldsymbol{R}'s'} D^{ss'}_{\substack{\boldsymbol{RR}'\\ jj'}} = 0\,.$$

Mit (8.2) wird daraus

$$\sum_{s'} \sqrt{M_{s'}}\, D^{ss'}_{jj'}(0) = 0\,.$$

Vergleichen wir damit die Eigenwertgleichung (8.13) für $\boldsymbol{w} = 0$, so bemerken wir, daß $\omega_\alpha{}^2(0) = 0$ ein dreifach entarteter Eigenwert mit den Eigenvektoren

$$\boxed{\overset{s}{e}_{0j\alpha}(\hat{\boldsymbol{w}}) = \frac{\sqrt{M_s}}{\sqrt{\sum\limits_s M_s}}\, c_{j\alpha}(\hat{\boldsymbol{w}})} \qquad \alpha = 1, 2, 3 \tag{8.15}$$

ist, wobei $c_{j\alpha}(\hat{\boldsymbol{w}})$ eine wegen (8.4) unitäre Matrix ist.

Aus der Orthogonalität der optischen und akustischen Polarisationsvektoren (8.4) folgt mit (8.15)

$$\sum_{s,j} \overset{s}{e}_{0j\alpha}(\hat{\boldsymbol{w}})\, c^*_{j\alpha'}(\hat{\boldsymbol{w}}) \sqrt{M_s} = 0 \quad \begin{matrix} \alpha' = 1, 2, 3 \\ \alpha = 4, 5, 6 \ldots \end{matrix}$$

oder

$$\sum_s \sqrt{M_s}\, e^s_{0j\alpha}(\hat{\mathfrak{w}}) = 0$$

für optische Schwingungen ($\alpha = 4, 5, 6, \ldots$).

Besteht die Basis speziell aus zwei Atomen ($s = \pm 1$), so folgt aus der Unitarität der Polarisationsmatrizen

$$\boxed{e^s_{0j\alpha}(\hat{\mathfrak{w}}) = s\sqrt{\frac{\overline{M}}{M_s}}\, c'_{j\alpha}(\hat{\mathfrak{w}})} \qquad \alpha = 4, 5, 6 \qquad (8.16)$$

für optische Schwingungen. $\overline{M} = \dfrac{M_+ M_-}{M_+ + M_-}$ ist dabei die reduzierte Masse und $c'(\hat{\mathfrak{w}})$ ist wie $c(\hat{\mathfrak{w}})$ eine gewisse hier nicht näher bestimmte unitäre Matrix.

Bei langwelligen optischen Schwingungen schwingen also die beiden Basistome in entgegengesetzter Richtung, während sie bei langwelligen akustischen Schwingungen gleichgerichtet schwingen.

Abb. 44 zeigt den Verlauf der Schwingungszweige für Silizium, in der Richtung $\Gamma - X$ der Brillouin-Zone.

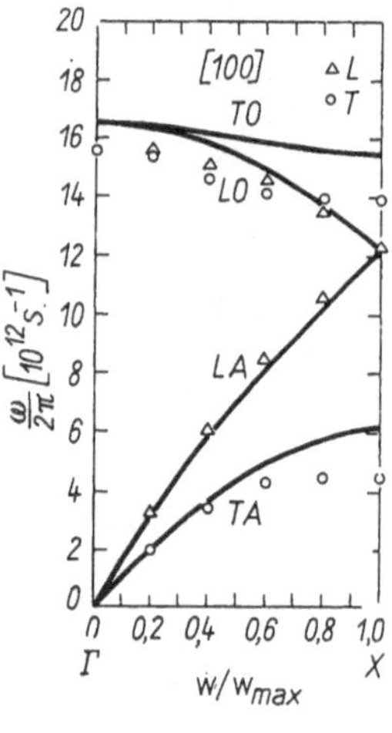

Abb. 44. Akustische (TA und LA) und optische Schwingungszweige (LO und TO) von Silizium aus Neutronen-Streuexperimenten, verglichen mit nach dem Bindungsladungs-Modell berechneten Daten (ausgezogene Kurve)

Jetzt betrachten wir die Gleichung 1. Ordnung (8.14). Sie ist eine inhomogene lineare Gleichung zur Bestimmung von $e_1(\hat{\boldsymbol{w}})$ in Abhängigkeit von $e_0(\hat{\boldsymbol{w}})$ und läßt eine einfache Interpretation zu, wenn nur akustische Schwingungen angeregt sind.

Beschränkt man sich bei der Berechnung der Verschiebung des Atoms bei $\boldsymbol{R} + \boldsymbol{\tau}_s$ auf die 1. Ordnung in w, so ist

$$
\begin{aligned}
u^s_{\boldsymbol{R}j} &= G^{-\frac{3}{2}} \sum_{\boldsymbol{w}\alpha} \sqrt{\frac{\hbar}{2 M_s \omega_\alpha(\boldsymbol{w})}} \\
&\quad \cdot i \left[\left\{b_\alpha(\boldsymbol{w})\, e^s_{0j\alpha}(\hat{\boldsymbol{w}}) - b_\alpha^+(\boldsymbol{w})\, e^{s*}_{0j\alpha}(\hat{\boldsymbol{w}})\right\} \boldsymbol{w}(\boldsymbol{R} + \boldsymbol{\tau}_s)\right. \\
&\quad \left. + w \left\{b_\alpha(\boldsymbol{w})\, e^s_{1j\alpha}(\hat{\boldsymbol{w}}) - b_\alpha^+(\boldsymbol{w})\, e^{s*}_{1j\alpha}(\hat{\boldsymbol{w}})\right\}\right] \\
&= \sum_{j'} \eta_{jj'} (\boldsymbol{R} + \boldsymbol{\tau}_s)_{j'} + u_j{}^s . \qquad (8.17)
\end{aligned}
$$

Dabei wird nur über die akustischen Gitterschwingungen summiert ($\alpha = 1, 2, 3$), so daß $\eta_{jj'}$ wegen (8.15) von s unabhängig ist; von $\boldsymbol{R}$ und s unabhängige Terme haben wir weggelassen, da sie nur eine starre Translation des Kristalls beschreiben.

Berücksichtigt man nur den symmetrischen Anteil $\varepsilon_{jj'}$ von $\eta_{jj'}$, so beschreibt das durch (8.17) gegebene Verrückungsfeld eine *homogene Deformation* des Kristalls. Es setzt sich aus zwei Anteilen zusammen, einer durch $\varepsilon_{jj'}$ festgelegten homogenen Verzerrung des Kontinuums (*äußere Verrückung*) und einer *inneren Verrückung* jedes s-ten Basisatoms um den Vektor u^s_j. (8.14) liefert dann einen Zusammenhang zwischen der inneren und der äußeren Verrückung[1]):

$$
\sum_{s'j'} \sqrt{M_{s'}}\, D^{ss'}_{jj'}(0)\, u^{s'}_{j'} + \sum_{s'j'i} \sqrt{M_{s'}}\, D_{1i}{}^{ss'}_{jj'}\, \varepsilon_{j'i} = 0 . \qquad (8.18)
$$

Wir können also

$$
u_j{}^s = \sum_{kl} \gamma^s_{jkl}\, \varepsilon_{kl} \qquad (8.19)
$$

[1]) Da $D_{1i}{}^{ss'}_{jj'}$ bezüglich ij' symmetrisch ist, geht in (8.18) nur der symmetrische Anteil $\varepsilon_{j'i}$ ein.

schreiben und die $\overset{s}{\gamma}_{jkl}$ so aus (8.18) bestimmen, daß wegen $\varepsilon_{kl} = \varepsilon_{lk}$

$$\overset{s}{\gamma}_{jkl} = \overset{s}{\gamma}_{jlk} \tag{8.20}$$

gilt. Ebenso wie die Koeffizienten $\overset{s}{\gamma}_{jkl}$ zwischen ε_{kl} und $u_j{}^s$ vermitteln, stellen sie nach (8.17) auch einen Zusammenhang zwischen $e_{0j\alpha}^{s}(\hat{\boldsymbol{w}})$ und $e_{1j\alpha}^{s}(\hat{\boldsymbol{w}})$ her:

$$e_{1j\alpha}^{s}(\hat{\boldsymbol{w}}) = \sum_{k,l} \overset{s}{\gamma}_{jkl}\, e_{0k\alpha}^{s}(\hat{\boldsymbol{w}})\, \hat{w}_l . \tag{8.21}$$

Diese Beziehungen werden in der Theorie der Elektron-Phonon-Wechselwirkung von Bedeutung sein.

8.3. Gitterschwingungen in polaren Kristallen

In Kristallen mit Inversionszentrum, wie z. B. der Diamantstruktur, ist auch die Ladungsverteilung in jeder Wigner-Seitz-Zelle inversionssymmetrisch, und diese besitzt kein elektrisches Dipolmoment $\boldsymbol{p}_D$. Für Kristalle ohne Inversionszentrum, wie die Zinkblendestruktur, besitzt die Wigner-Seitz-Zelle dagegen ein endliches Dipolmoment. In diesen *polaren Kristallen* treten daher langreichweitige Coulomb-Kräfte auf, deren Anteil man zweckmäßigerweise von den kurzreichweitigen Kräften der höheren Momente separiert. Dazu definiert man in zweiatomigen Kristallen durch

$$\boldsymbol{p}_D = \sum_s e_s \boldsymbol{\tau}_s$$

effektive Ladungen der Atome in der Wigner-Seitz-Zelle und schreibt die Bewegungsgleichung des Atoms bei $\boldsymbol{R} + \boldsymbol{\tau}_s$ in der Form

$$M_s \ddot{u}_{\boldsymbol{R}j}^{s}(t) = -\sum_{\boldsymbol{R}'j's'} D_{\boldsymbol{R}j\,\boldsymbol{R}'j'}^{s\;s'}\, u_{\boldsymbol{R}'j'}^{s'}(t) + e_s E_j\big(\boldsymbol{R} + \boldsymbol{\tau}_s + \boldsymbol{u}_{\boldsymbol{R}}^{s}(t), t\big)$$

$E_j(\boldsymbol{r})$ ist dabei das makroskopische, von den schwingenden Dipolen erzeugte Feld. Es verschwindet, wenn keine Gitterschwingungen angeregt sind. $D^{s\ s'}_{\boldsymbol{R}j\,\boldsymbol{R}'j'}$ beschreibt die kurzreichweitige Wechselwirkung.

Wir transformieren jetzt $u^{s}_{\boldsymbol{R}j}$ auf Normalkoordinaten $q_\alpha(\boldsymbol{w})$ derart, daß $D^{j\ s'}_{\boldsymbol{R}j\,\boldsymbol{R}'j'}$ diagonal wird (siehe (8.6)) und erhalten nach zeitlicher Fouriertransformation[1])

$$-\omega^2 q_\alpha(\boldsymbol{w},\omega) = -\omega_\alpha^{\,2}(\boldsymbol{w})\, q_\alpha(\boldsymbol{w},\omega) + \frac{1}{\Omega_0}\sum_{js}\frac{G^{-\frac{3}{2}}}{\sqrt{M_s}}\, e^{s}_{j\alpha}(\boldsymbol{w})^*\, e_s E_j(\boldsymbol{w},\omega)\,. \tag{8.22}$$

Die Gitterschwingungen erzeugen eine Polarisation

$$P_{1j}(\boldsymbol{R},t) = \frac{1}{\Omega_0}\sum_s e_s u^{s}_{\boldsymbol{R}j}(t)\,,$$

die nach zeitlicher Fouriertransformation sowie Transformation auf Normalkoordinaten die Form

$$P_{1j}(\boldsymbol{w},\omega) = G^3 \sum_{\alpha,s}\frac{G^{-\frac{3}{2}}}{\sqrt{M_s}}\, e^{s}_{j\alpha}(\boldsymbol{w})\, e_s\, q_\alpha(\boldsymbol{w},\omega) \tag{8.23}$$

annimmt. Außerdem bewirkt das Feld $\boldsymbol{E}$ eine Polarisation der Wigner-Seitz-Zelle, durch virtuelle Interbandübergänge, die sich für die betrachteten Frequenzen $\omega \ll \frac{E_d}{\hbar}$ durch eine von ω unabhängige Polarisierbarkeit α_0 beschreiben läßt:

$$\boldsymbol{P}_0(\boldsymbol{w},\omega) = \frac{\alpha_0}{\Omega_0}\boldsymbol{E}(\boldsymbol{w},\omega)\,. \tag{8.24}$$

---

[1]) Man beachte dazu, daß

$$E_j(\boldsymbol{w}) = \sum_{\boldsymbol{R}}\int_{\Omega_0} \mathrm{d}^3\boldsymbol{r}\, e^{-i\boldsymbol{w}(\boldsymbol{R}+\boldsymbol{r})} E_j(\boldsymbol{r}+\boldsymbol{R}) \approx \Omega_0 \sum_{\boldsymbol{R}} E_j(\boldsymbol{R})\, e^{-i\boldsymbol{w}\boldsymbol{R}}$$
$$\approx \Omega_0 \sum_{\boldsymbol{R}} E_j\left(\boldsymbol{R} + \tau_s + u^{s}_{\boldsymbol{R}}\right) e^{-i\boldsymbol{w}\boldsymbol{R}}$$

für $|\boldsymbol{w}| \ll |\boldsymbol{K}|$.

Die Gesamtpolarisation $\boldsymbol{P} = \boldsymbol{P}_0 + \boldsymbol{P}_1$ hängt mit dem Feld $\boldsymbol{E}$ über die aus den Maxwell-Gleichungen (5.8), (5.6) und (5.16) abgeleitete Beziehung

$$\boldsymbol{w}\big(\boldsymbol{w}, \boldsymbol{E}(\boldsymbol{w}, \omega)\big) - w^2 \boldsymbol{E}(\boldsymbol{w}, \omega) = -\frac{\omega^2}{c^2}\left[\boldsymbol{E}(\boldsymbol{w}, \omega) + 4\pi \boldsymbol{P}(\boldsymbol{w}, \omega)\right]$$

zusammen. Mit (8.24) ergibt sich

$$\left[1 + 4\pi \frac{\alpha_0}{\Omega_0} \frac{\dfrac{\omega^2}{c^2} - \boldsymbol{w}\cdot\boldsymbol{w}}{\dfrac{\omega^2}{c^2} - w^2}\right] \boldsymbol{E}(\boldsymbol{w}, \omega) = -4\pi \frac{\dfrac{\omega^2}{c^2} - \boldsymbol{w}\cdot\boldsymbol{w}}{\dfrac{\omega^2}{c^2} - w^2} \boldsymbol{P}_1(\boldsymbol{w}, \omega). \tag{8.25}$$

Longitudinale (transversale) Gitterschwingungen erzeugen also eine longitudinale (transversale) Polarisation und ein longitudinales (transversales) elektrisches Feld.

Beschränkt man sich auf langwellige optische Gitterschwingungen in zweiatomigen kubischen Kristallen, so kann man (8.16) verwenden und $c'_{j\alpha}(\hat{\boldsymbol{w}}) = \hat{w}_j$ für $\alpha = 4$ und $\sum_j c'_{j\alpha}(\hat{\boldsymbol{w}})\, \hat{w}_j = 0$ für $\alpha = 5{,}6$ setzen, wenn $\alpha = 4$ longitudinale und $\alpha = 5{,}6$ transversale optische Schwingungen beschreibt. Setzt man noch

$$\sum_s \frac{s e_s}{M_s} = \frac{e^*}{M},$$

so erhält man aus (8.22), (8.25) und (8.23) eine Eigenwertgleichung zur Bestimmung der longitudinalen und transversalen Gitterschwingungen langer Wellen mit den

Lösungen

$$\omega_l^2 = \omega_0^2 + 4\pi \frac{e^{*2}}{\overline{M}\,\Omega_0} \frac{1}{1 + 4\pi \dfrac{\alpha_0}{\Omega_0}} \tag{8.26}$$

und

$$\omega_t^2(\boldsymbol{w}) = \omega_0^2 + 4\pi \frac{e^{*2}}{\overline{M}\,\Omega_0} \frac{1}{1 + 4\pi \dfrac{\alpha_0}{\Omega_0} - \dfrac{c^2 w^2}{\omega_t^2(\boldsymbol{w})}}. \tag{8.27}$$

Dabei ist $\omega_0 = \omega_\alpha(\boldsymbol{w} = 0)$ $(\alpha = 4, 5, 6)$. Für $w^2 \gg \dfrac{\omega_t^2(\boldsymbol{w})}{c^2}$ wird

$$\omega_t^2(\boldsymbol{w}) \to \omega_t^2 = \omega_0^2.$$

Die transversalen Eigenschwingungen nennt man *Polaritonen*. Ihr Spektrum zeigt die Abb. 45.

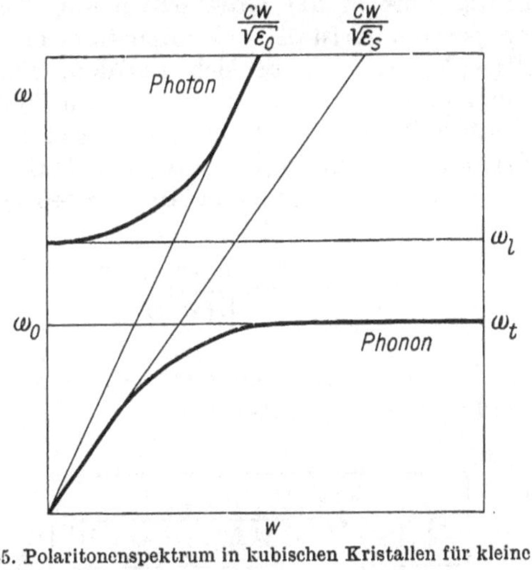

Abb. 45. Polaritonenspektrum in kubischen Kristallen für kleine $|\boldsymbol{w}|$

Nach (8.25) ist für $w^2 \gg \frac{\omega^2}{c^2}$ das longitudinale Feld wesentlich größer als das transversale, so daß bei den longitudinalen Gitterschwingungen stärkere Kräfte auf die schwingenden Atome wirken, wodurch ω_l größer als ω_0 wird. Diese Aufspaltung ist ein direktes Maß für die Polarität des Kristalls (vgl. (8.26)).

Polaritoneneffekte machen sich nur bei extrem kleinen $\boldsymbol{w}$-Vektoren bemerkbar. So hat man z. B. durch Raman-Streuung unter kleinen Streuwinkeln den untersten Zweig des Polaritonenspektrums ausgemessen. Der obere transversale Zweig zeigt für große $|\boldsymbol{w}|$ die Dispersion einer elektromagnetischen Welle in einem Medium der Dielektrizitätskonstante $\varepsilon_0 = 1 + 4\pi \frac{\alpha_0}{\Omega_0}$.

8.4. *Gitteranteil der dielektrischen Funktion*

Schickt man eine elektromagnetische Welle mit einer Frequenz im Bereich der Gitterschwingungsfrequenzen auf einen polaren Kristall, so wird in ihm eine Polarisation $\boldsymbol{P}(\boldsymbol{w}, \omega)$ erzeugt, die sich aus dem von Gitterschwingungen herrührenden Anteil $\boldsymbol{P}_1(\boldsymbol{w}, \omega)$ (8.23) sowie aus dem Anteil $\boldsymbol{P}_0(\boldsymbol{w}, \omega)$ (8.24) zusammensetzt. In kubischen Kristallen ist für $\boldsymbol{q} \to 0$ $\varepsilon(\omega)$ ein Skalar, so daß man $\varepsilon(\omega)$ aus den longitudinalen Anregungen berechnen kann:

$$\varepsilon(w) = 1 + 4\pi \frac{\boldsymbol{P}(\boldsymbol{w}, \omega)\, \boldsymbol{w}}{\boldsymbol{E}(\boldsymbol{w}, \omega)\, \boldsymbol{w}}.$$

Aus (8.23) und (8.24) erhält man dann durch Elimination der Normalkoordinaten mittels (8.22)

$$\boxed{\varepsilon(\omega) = \varepsilon_0 + \frac{4\pi e^{*2}}{M\, \Omega_0(\omega_0^2 - \omega^2)},}$$

wobei

$$\varepsilon_0 = 1 + 4\pi \frac{\alpha_0}{\Omega_0} \tag{8.28}$$

die *optische Dielektrizitätskonstante* ist, d. h. $\varepsilon_0 = \varepsilon(\omega)$ für $\omega_0 \ll \omega \ll \frac{E_d}{\hbar}$.

Für $\omega \to 0$ ergibt sich die statische Dielektrizitätskonstante zu

$$\varepsilon_s = \varepsilon(0) = \varepsilon_0 + \frac{4\pi e^{*2}}{\overline{M}\,\Omega_0 \omega_0^2} > \varepsilon_0 . \tag{8.29}$$

Mit (8.26) sieht man, daß $\varepsilon(\omega_l) = 0$ gilt und daß man

$$\varepsilon(\omega) = \varepsilon_0 + \varepsilon_0 \frac{\omega_l^2 - \omega_t^2}{\omega_t^2 - \omega^2} \tag{8.30}$$

schreiben kann (Abb. 46). Zwischen den Dielektrizitätskonstanten ε_s und ε_0 beiderseits der Resonanz-

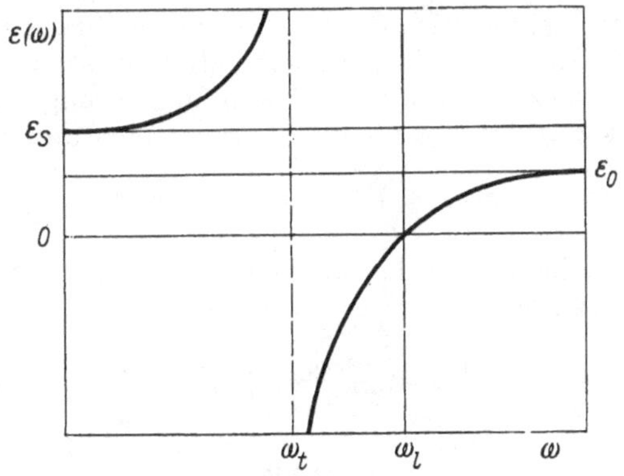

Abb. 46. Realteil der dielektrischen Funktion $\varepsilon(\omega)$ in der Nähe einer Resonanzfrequenz ω_t.

stelle ω_t und den beiden Frequenzen ω_l und ω_t besteht nach (8.30) die *Lyddane-Sachs-Teller-Relation*

$$\boxed{\frac{\varepsilon_s}{\varepsilon_0} = \frac{\omega_l^2}{\omega_t^2}.}$$

Aus (8.29) kann man jetzt die effektive Ladung berechnen

$$\boxed{e^{*2} = \frac{\overline{M}\,\Omega_0 \omega_0^2}{4\pi} (\varepsilon_s - \varepsilon_0).} \tag{8.31}$$

Man nennt sie auch *Bornsche* oder „*dynamische*" *Ladung*. Für GaAs ist $e^* = 2{,}2\,e$, für InSb $e^* = 2{,}3\,e$.

Die Resonanz bei $\omega = \omega_0$ findet man im Reflexionsvermögen als *Reststrahlenbande* in Form eines ausgeprägten Maximums.

9. Elektron-Phonon-Wechselwirkung

9.1. Wechselwirkungsoperator

Wir betrachten jetzt die Wechselwirkung der Elektronen mit den Gitterschwingungen. Als Wechselwirkungsoperator verwenden wir die Potentialänderung, die für das Elektron durch die Gitterschwingungen auftritt,

$$H_{EP} = V(\boldsymbol{r}; \boldsymbol{u}_{\boldsymbol{R}}^s) - V(\boldsymbol{r}; 0), \tag{9.1}$$

und entwickeln nach den kleinen Verrückungen $\boldsymbol{u}_{\boldsymbol{R}}^s$ bis zu linearen Termen:

$$H_{EP} = \sum_{\boldsymbol{R}js} V_{\boldsymbol{R}j}^s(\boldsymbol{r})\, u_{\boldsymbol{R}j}^s, \tag{9.2}$$

wobei

$$V_{\boldsymbol{R}j}^s(\boldsymbol{r}) = \left.\frac{\partial V(\boldsymbol{r}; \boldsymbol{u}_{\boldsymbol{R}}^s)}{\partial u_{\boldsymbol{R}j}^s}\right|_{u_{\boldsymbol{R}j}^s = 0} \tag{9.3}$$

die Potentialänderung durch Auslenkung des Atoms bei $\boldsymbol{R} + \boldsymbol{\tau}_s$ ist. Aus der Translationsinvarianz des Kristalls folgt

$$V^s_{\boldsymbol{R}+\boldsymbol{R}'j}(\boldsymbol{r} + \boldsymbol{R}') = V^s_{\boldsymbol{R}j}(\boldsymbol{r}). \tag{9.4}$$

Verschiebt man den Kristall starr um einen Vektor $\boldsymbol{u}$, so ist

$$V(\boldsymbol{r}, \boldsymbol{u}) = V(\boldsymbol{r} - \boldsymbol{u}, 0) = V_0(\boldsymbol{r} - \boldsymbol{u}).$$

Für $\boldsymbol{u} \to 0$ folgt dann mit (9.3)

$$\sum_{\boldsymbol{R}s} V^s_{\boldsymbol{R}j}(\boldsymbol{r}) = -\frac{\partial V_0(\boldsymbol{r})}{\partial x_j}. \tag{9.5}$$

Analog schließt man aus einer starren Drehung des Kristalls um den Ursprung

$$\sum_{\boldsymbol{R}s} V^s_{\boldsymbol{R}j}(\boldsymbol{r})\,(\boldsymbol{R} + \boldsymbol{\tau}_s - \boldsymbol{r})_i = \sum_{\boldsymbol{R}s} V^s_{\boldsymbol{R}i}(\boldsymbol{r})\,(\boldsymbol{R} + \boldsymbol{\tau}_s - \boldsymbol{r})_j. \tag{9.6}$$

Setzt man in (9.2) $u^s_{\boldsymbol{R}j}$ aus (8.11) ein, so wird

$$H_{EP} = G^{-\frac{3}{2}} \sum_{\boldsymbol{w}\alpha} \sum_{js} \sqrt{\frac{\hbar}{2 M_s \omega_\alpha(\boldsymbol{w})}} \sum_{\boldsymbol{R}} V^s_{\boldsymbol{R}j}(\boldsymbol{r}) \times \left[e^{i\boldsymbol{w}\boldsymbol{R}}\, e^s_{j\alpha}(\boldsymbol{w})\, b_\alpha(\boldsymbol{w}) + e^{-i\boldsymbol{w}\boldsymbol{R}}\, e^{s*}_{j\alpha}(\boldsymbol{w})\, b_\alpha^+(\boldsymbol{w})\right]. \tag{9.7}$$

Jede Eigenschwingung $(\boldsymbol{w}\alpha)$ liefert einen Beitrag zur Elektron-Phonon-Wechselwirkung. Wir schreiben

$$\boxed{H_{EP} = \sum_{\boldsymbol{w}\alpha} [A_{\boldsymbol{w}\alpha}(\boldsymbol{r})\, b_\alpha(\boldsymbol{w})\, e^{i\boldsymbol{w}\boldsymbol{r}} + A^+_{\boldsymbol{w}\alpha}(\boldsymbol{r})\, b_\alpha^+(\boldsymbol{w})\, e^{-i\boldsymbol{w}\boldsymbol{r}}],} \tag{9.8}$$

wobei

$$A_{\boldsymbol{w}\alpha}(\boldsymbol{r}) = G^{-\frac{3}{2}} \sum_{js} \sqrt{\frac{\hbar}{2 M_s \omega_\alpha(\boldsymbol{w})}} \sum_{\boldsymbol{R}} V^s_{\boldsymbol{R}j}(\boldsymbol{r})\, e^{i\boldsymbol{w}(\boldsymbol{R}-\boldsymbol{r})}\, e^s_{j\alpha}(\boldsymbol{w}). \tag{9.9}$$

Wegen (9.4) ist

$$A_{\boldsymbol{w}\alpha}(\boldsymbol{r} + \boldsymbol{R}) = A_{\boldsymbol{w}\alpha}(\boldsymbol{r}).$$

Ferner gilt

$$A_{\boldsymbol{w}\alpha}(\boldsymbol{r}) = A^{+}_{-\boldsymbol{w}\alpha}(\boldsymbol{r}).$$

Für die Übergangswahrscheinlichkeiten zwischen Zuständen

$$|\boldsymbol{k}\nu, \ldots n_\alpha(\boldsymbol{w}) \ldots\rangle$$

des ungekoppelten Elektron-Phonon-Systems erhält man mit der Goldenen Regel nach Summation über die Endzustände der Phononen

$$\boxed{\begin{aligned} W_{\boldsymbol{k}'\nu' \leftarrow \boldsymbol{k}\nu} &\equiv W_{\boldsymbol{k}'\nu', \boldsymbol{k}\nu} = \frac{2\pi}{\hbar} \sum_{\boldsymbol{K}} \sum_{\boldsymbol{w}\alpha} \left|C_{\boldsymbol{K}\alpha}(\boldsymbol{k}'\nu', \boldsymbol{k}\nu)\right|^2 \\ &\times \left[n_\alpha(\boldsymbol{w})\, \delta_{\boldsymbol{k}-\boldsymbol{k}'+\boldsymbol{w},\boldsymbol{K}}\, \delta\left(E_{\boldsymbol{k}'\nu'} - E_{\boldsymbol{k}\nu} - \hbar\,\omega_\alpha(\boldsymbol{w})\right)\right. \\ &\left.+ \left(n_\alpha(\boldsymbol{w}) + 1\right) \delta_{\boldsymbol{k}-\boldsymbol{k}'-\boldsymbol{w},\boldsymbol{K}}\, \delta\left(E_{\boldsymbol{k}'\nu'} - E_{\boldsymbol{k}\nu} + \hbar\,\omega_\alpha(\boldsymbol{w})\right)\right],\end{aligned}} \tag{9.10}$$

wobei

$$C_{\boldsymbol{K}\alpha}(\boldsymbol{k}'\nu', \boldsymbol{k}\nu) = \frac{1}{\Omega_0} \int\limits_{\Omega_0} e^{i\boldsymbol{K}\boldsymbol{r}} A_{\boldsymbol{k}'-\boldsymbol{k}+\boldsymbol{K},\alpha}(\boldsymbol{r})\, u^*_{\boldsymbol{k}'\nu'}(\boldsymbol{r})\, u_{\boldsymbol{k}\nu}(\boldsymbol{r})\, d^3\boldsymbol{r} \tag{9.11}$$

bedeutet.

Die Übergangswahrscheinlichkeit setzt sich also aus verschiedenen Anteilen zusammen, die jeweils einem bestimmten Streuprozeß zugeordnet werden können.

Gewinnt das Elektron bei der Streuung Energie, d. h., ist $E_{\boldsymbol{k}'\nu'} > E_{\boldsymbol{k}\nu}$, so verschwindet der 2. Term in der eckigen Klammer, und der 1. Term besagt, daß dieser Energiezuwachs durch ein Phonon der Energie $\hbar\,\omega_\alpha(\boldsymbol{w})$ geliefert wird, das aus dem Ensemble der Phononen vernichtet wird. Einen solchen Prozeß nennt man *Absorptionsprozeß*. Analog beschreibt der 2. Term der eckigen Klammer einen *Emissionsprozeß*. Neben dem Energiesatz gilt die $\boldsymbol{k}$-*Auswahlregel*

$$\boxed{\boldsymbol{k}' = \boldsymbol{k} \pm \boldsymbol{w} - \boldsymbol{K}} \tag{9.12}$$

für Absorptions- bzw. Emissionsprozesse.

Liegt der Differenzvektor $\boldsymbol{k}' - \boldsymbol{k}$ innerhalb der Brillouin-Zone, so trägt nur der Term mit $\boldsymbol{K} = 0$ zu der $\boldsymbol{K}$-Summe bei, und es liegt ein *Normalprozeß* vor. Im anderen Falle hat man es mit einem *Umklapp-Prozeß* zu tun (Abb. 47).

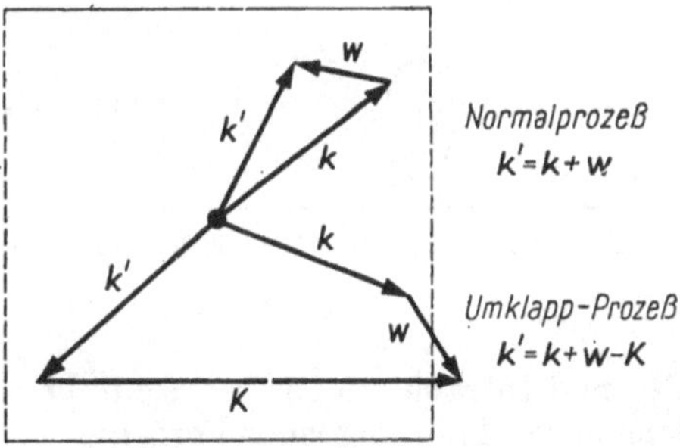

Abb. 47. Normal- und Umklapp-Prozeß unter Absorption eines Phonons (Brillouinsche Zonengrenze – – – – – –)

Da die Phononenenergien meist klein gegen die Bandlücke sind, finden Elektronenübergänge durch Streuung an Phononen immer zwischen fast-entarteten Energieniveaus statt. Bei Bandüberlappung können dabei auch *Interbandprozesse* auftreten. Der Einfachheit halber wollen wir uns hier jedoch auf *Intrabandprozesse* beschränken, bei denen also Anfangs- und Endzustand in demselben Band liegen. Wir lassen dann den Bandindex weg. Bei Mehrtalhalbleitern lassen sich diese Prozesse noch in *Innertal-* und *Zwischentalprozesse* einteilen, je nachdem, ob Anfangs- und Endzustand in demselben Tal liegen oder nicht (Abb. 48). Bei Innertalprozessen ist der $\boldsymbol{w}$-Vektor des Phonons klein gegen die Ausmaße der

Brillouin-Zone. Bei Zwischentalprozessen ist das nicht der Fall. Für Germanium und Silizium sind letztere Umklapp-Prozesse.

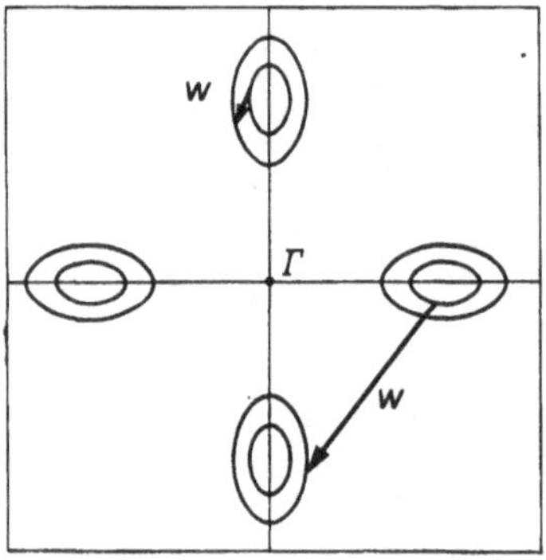

Abb. 48. Innertal- und Zwischentalprozeß in Silizium unter Absorption eines Phonons

Für Normal-Intrabandprozesse schreibt sich das Matrixelement (9.11) in folgender Form:

$$C_{0\alpha}(\boldsymbol{k}', \boldsymbol{k}) = \int_{\Omega} \psi^*_{\boldsymbol{k}+\boldsymbol{w}}(\boldsymbol{r})\, A_{\boldsymbol{w}\alpha}(\boldsymbol{r})\, e^{i\boldsymbol{w}\boldsymbol{r}}\, \psi_{\boldsymbol{k}}(\boldsymbol{r})\, \mathrm{d}^3\boldsymbol{r}, \tag{9.13}$$

wobei $\boldsymbol{w} = \boldsymbol{k}' - \boldsymbol{k}$ zu setzen ist.

9.2. *Deformationspotential*

Wir untersuchen zunächst den Einfluß infinitesimaler homogener Deformationen

$$u^s_{\boldsymbol{R}j} = \sum_{j'} \varepsilon_{jj'}(\boldsymbol{R} + \boldsymbol{\tau}_s)_{j'} + u_j^s \tag{9.14}$$

des Kristalls auf das Energiespektrum der Elektronen.

Drückt man die inneren Verrückungen durch die äußeren Parameter ε_{kl} aus ((8.19)), so wird

$$H_{EP} = \sum_{\boldsymbol{R}s} \sum_{ij} \varepsilon_{ij} \left[V^s_{\boldsymbol{R}j}(\boldsymbol{r}) \, (\boldsymbol{R} + \boldsymbol{\tau}_s)_j + \sum_l V^s_{\boldsymbol{R}l}(\boldsymbol{r}) \, \gamma^s_{l\,ij} \right].$$

Die Energiekorrektur in 1. Näherung für nicht entartete Eigenwerte ergibt sich dann zu

$$\Delta E_{\boldsymbol{k}\nu} = \sum_{ij} \varepsilon_{ij} \, \Xi_{ij}(\boldsymbol{k}\nu),$$

wobei

$$\Xi_{ij}(\boldsymbol{k}\nu) = \langle \boldsymbol{k}\nu | \sum_{\boldsymbol{R}s} \left[V^s_{\boldsymbol{R}i}(\boldsymbol{r}) \, (\boldsymbol{R} + \boldsymbol{\tau}_s)_j + \sum_l V^s_{\boldsymbol{R}l}(\boldsymbol{r}) \, \gamma^s_{lij} \right] | \boldsymbol{k}\nu \rangle \tag{9.15}$$

als *Deformationspotentialtensor* bezeichnet wird. Wegen (8.20) und (9.6) ist er symmetrisch.[1])
Wir berechnen den Deformationspotentialtensor $\Xi(\boldsymbol{k}\nu)$ nicht explizit, sondern geben durch Symmetriebetrachtungen nur seine allgemeine Form an. Es gilt nämlich für α aus der Punktgruppe

$$\Xi(\alpha \boldsymbol{k}) = \alpha \Xi(\boldsymbol{k}) \, \alpha^{-1}. \tag{9.16}$$

In der Leitfähigkeitstheorie für Mehrtalhalbleiter interessieren die $\Xi(\boldsymbol{k})$-Tensoren in der Nähe der Bandkanten.

Man kann mittels (9.16) zeigen, daß in kubischen Kristallen für $\boldsymbol{k}$ in [100]-Richtung, also z. B. für die Leitungselektronen in Silizium, Ξ nur zwei linear unab-

[1]) Wegen der Identität $\dfrac{\partial V_0}{\partial x_i} x_j = \dfrac{1}{i\hbar} [H_0, p_i] x_j = \dfrac{1}{i\hbar} [H_0, p_i x_j] + \dfrac{p_i p_j}{m}$ folgt mit (9.6) die Symmetrie des Erwartungswertes

$$\langle \boldsymbol{k}\nu | \sum_{\boldsymbol{R}s} V^s_{\boldsymbol{R}i}(\boldsymbol{r}) \, (\boldsymbol{R} + \boldsymbol{\tau}_s)_j | \boldsymbol{k}\nu \rangle.$$

hängige Komponenten hat. Zu ihrer Bestimmung betrachten wir zwei spezielle Deformationen (Abb. 49), die *Dilatation*

$$\varepsilon_{ij}^{d} = \begin{pmatrix} 0 & 0 & 0 \\ 0 & \frac{1}{2}\varepsilon & 0 \\ 0 & 0 & \frac{1}{2}\varepsilon \end{pmatrix}$$

und die *uniaxiale Scherung*

$$\varepsilon_{ij}^{u} = \begin{pmatrix} \varepsilon & 0 & 0 \\ 0 & -\frac{1}{2}\varepsilon & 0 \\ 0 & 0 & -\frac{1}{2}\varepsilon \end{pmatrix}.$$

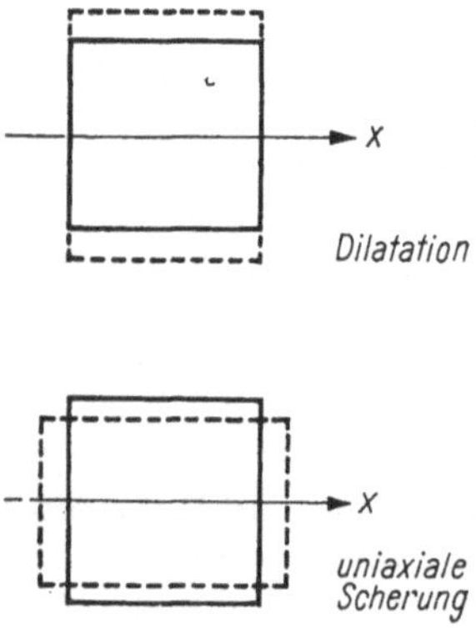

Abb. 49. Dilatation und uniaxiale Scherung bezüglich der x-Achse

Sie werden durch je eine Deformationsgröße ε bestimmt. Die zugehörigen Energieänderungen sind

$$\Delta E_d \underset{\text{def}}{=} \Xi_d \varepsilon = \frac{1}{2}(\Xi_{22} + \Xi_{33})\,\varepsilon$$

$$\Delta E_u \underset{\text{def}}{=} \Xi_u \varepsilon = \left[\Xi_{11} - \frac{1}{2}(\Xi_{22} + \Xi_{33})\right]\varepsilon\,.$$

Für die beiden *Deformationspotentialkonstanten* gilt also

$$\Xi_d = \frac{1}{2}(\Xi_{22} + \Xi_{33})$$

$$\Xi_d + \Xi_u = \Xi_{11}.$$

Für $\boldsymbol{k}$ aus dem $\langle 100\rangle$-Stern läßt sich $\Xi(\boldsymbol{k})$ also in der Form

$$\boxed{\Xi_{ij} = \Xi_d \delta_{ij} + \Xi_u \hat{k}_i \hat{k}_j} \tag{9.17}$$

schreiben. Formal dasselbe Resultat ergibt sich für $\boldsymbol{k}$ aus dem $\langle 111\rangle$-Stern.

9.3. Elektron-Phonon-Streuung

9.3.1. Akustische Deformationspotentialstreuung

Der Deformationspotential-Tensor wurde eingeführt zur Berechnung der Energieänderung infolge einer äußeren homogenen Deformation. Wir untersuchen jetzt die Streuung von Kristallelektronen an akustischen Gitterschwingungen in der *Deformationspotentialnäherung*. Voraussetzung für die Anwendbarkeit dieser Näherung ist, daß das Wechselwirkungspotential $V^s_{\boldsymbol{R}j}(\boldsymbol{r})$ genügend kurzreichweitig ist, damit die in (9.9) eingehende Fourier-Komponente

$$\sum_{\boldsymbol{R}} V^s_{\boldsymbol{R}j}(\boldsymbol{r})\, e^{i\boldsymbol{w}(\boldsymbol{R}-\boldsymbol{r})} \tag{9.18}$$

bei $\boldsymbol{w} = 0$ nicht singulär ist und eine Entwicklung des e-Faktors nach $\boldsymbol{w}$ zuläßt. Für ein langreichweitiges elektrostatisches Potential ist das nicht möglich. Dieser Fall liegt bei der polaren Streuung (Abschnitt 12.3) vor.

Setzt man (9.9) in (9.13) ein und entwickelt nach $\boldsymbol{w}$, so wird mit (8.15) und (8.21)

$$
\begin{aligned}
C_{0\alpha}(\boldsymbol{k}', \boldsymbol{k}) = \int_{\Omega} & (\psi_{\boldsymbol{k}}^* + \boldsymbol{w} \nabla_{\boldsymbol{k}} \psi_{\boldsymbol{k}}^*) \\
& \times G^{-\frac{3}{2}} \sum_{js} \sqrt{\frac{\hbar}{2 \sum_{s'} M_{s'} \omega_\alpha(\boldsymbol{w})}} \\
& \times \sum_{\boldsymbol{R}} V_{\boldsymbol{R}j}^{s}(\boldsymbol{r}) \left(1 + i \boldsymbol{w}(\boldsymbol{R} + \boldsymbol{\tau}_s)\right) \\
& \times \left(c_{j\alpha}(\hat{\boldsymbol{w}}) + i w \sum_{kl} \gamma_{jkl}^{s} c_{k\alpha}(\hat{\boldsymbol{w}}) \hat{w}_l\right)
\end{aligned}
$$

Beachtet man (9.5), so verschwindet wegen $\langle \boldsymbol{k}\nu | \nabla_{\boldsymbol{r}} V_0 | \boldsymbol{k}\nu \rangle = 0$[1]) der Term 0. Ordnung sowie der von $\psi_{\boldsymbol{k}+\boldsymbol{w}}^*$ herrührende Term 1. Ordnung. Es verbleiben folgende beiden Terme 1. Ordnung in $|\boldsymbol{w}|$:

$$
\begin{aligned}
C_{0\alpha}(\boldsymbol{k}', \boldsymbol{k}) = {} & G^{-\frac{2}{2}} \sqrt{\frac{\hbar}{2 \sum_{s} M_s \omega_\alpha(\boldsymbol{w})}} \, i \sum_{ij} w_i c_{j\alpha}(\hat{\boldsymbol{w}}) \\
& \times \int_{\Omega} \mathrm{d}^3 \boldsymbol{r} \left\{ \sum_{\boldsymbol{R}sl} V_{\boldsymbol{R}l}^{s}(\boldsymbol{r}) \gamma_{lij}^{s} + \sum_{\boldsymbol{R}s} V_{\boldsymbol{R}j}^{s}(\boldsymbol{r}) (\boldsymbol{R} + \boldsymbol{\tau}_s)_i \right\} |\psi_{\boldsymbol{k}}|^2 .
\end{aligned}
$$

Vergleicht man die Klammer mit (9.15) und benutzt (9.6) und Fußnote [1]) S. 129, so erhält man schließlich

$$
\boxed{C_{0\alpha}(\boldsymbol{k}', \boldsymbol{k}) = G^{-\frac{3}{2}} \sqrt{\frac{\hbar}{2 \sum_{s} M_s \omega_\alpha(\boldsymbol{w})}} \sum_{ij} i\, w_i c_{j\alpha}(\hat{\boldsymbol{w}}) \, \Xi_{ij}(\boldsymbol{k}) .} \tag{9.19}
$$

[1]) Es ist $\nabla_{\boldsymbol{r}} V_0 = \frac{1}{i\hbar} [V_0, \boldsymbol{p}]$; also

$$
i\hbar \langle \boldsymbol{k}\nu | \nabla_{\boldsymbol{r}} V_0 | \boldsymbol{k}\nu \rangle = \langle \boldsymbol{k}\nu | [V_0, \boldsymbol{p}] | \boldsymbol{k}\nu \rangle = \langle \boldsymbol{k}\nu | \left[E_{\boldsymbol{k}\nu} - \frac{p^2}{2m}, \boldsymbol{p} \right] | \boldsymbol{k}\nu \rangle = 0 .
$$

Das Matrixelement der akustischen Deformationspotentialstreuung wird also durch denselben Tensor bestimmt, der auch die Energieänderung der Elektronen bei homogener Deformation festlegt.

Da die Elektronen bei der Innertalstreuung immer einen $\boldsymbol{k}$-Vektor haben, der in der Nähe des Vektors $\boldsymbol{k}_0$ zum Talminimum liegt, kann man im Matrixelement $C_{0\alpha}(\boldsymbol{k}', \boldsymbol{k})$ den Deformationspotentialtensor an der Stelle $\boldsymbol{k}_0$ einsetzen. Für diese $\boldsymbol{k}_0$ hat Ξ im Leitungsband von Silizium und Germanium die Form (9.17), so daß

$$\sum_{ij} i w_i c_{j\alpha}(\hat{\boldsymbol{w}})\, \Xi_{ij}(\boldsymbol{k}) = i\, \Xi_d \sum_j w_j c_{j\alpha}(\hat{\boldsymbol{w}}) + i\, \Xi_u \sum_j \hat{k}_{0j} c_{j\alpha}(\hat{\boldsymbol{w}}) \cdot (\hat{\boldsymbol{k}}_0, \boldsymbol{w}) \quad (9.20)$$

gilt

Bei alleiniger Berücksichtigung des 1. Terms findet also nur Streuung an longitudinalen Phononen statt.

9.3.2. *Optische Deformationspotentialstreuung*

Wir betrachten jetzt die Streuung von Elektronen an optischen Gitterschwingungen in der Deformationspotentialnäherung, d. h. unter der Voraussetzung, daß $V^s_{\boldsymbol{R}j}(\boldsymbol{r})$ keinen langreichweitigen Coulomb-Anteil enthält. Dazu entwickeln wir wieder den Ausdruck (9.18) nach $\boldsymbol{w}$, benutzen (8.16) und erhalten für die Diamantstruktur ($M_+ = M_- = M$) in niedrigster nicht verschwindender Ordnung in $|\boldsymbol{w}|$:

$$A_{\boldsymbol{w}\alpha}(\boldsymbol{r}) = G^{-\frac{3}{2}} \sqrt{\frac{\hbar}{2 M \omega_0}} \sum_j c'_{j\alpha}(\hat{\boldsymbol{w}}) \sum_{\boldsymbol{R}s} s\, V^s_{\boldsymbol{R}j}(\boldsymbol{r}).$$

ω_0 ist dabei die Frequenz der optischen Schwingungen für $\boldsymbol{w} = 0$. Für Normalprozesse wird also das Matrixelement der optischen Deformationspotential-Streuung

$$C_{0\alpha}(\boldsymbol{k}', \boldsymbol{k}) = G^{-\frac{3}{2}} \sqrt{\frac{\hbar}{2 M \omega_0}} \sum_j c'_{j\alpha}(\hat{\boldsymbol{w}}) \frac{1}{\Omega_0} \int_{\Omega_0} \sum_{\boldsymbol{R}s} s\, V^s_{\boldsymbol{R}j}(\boldsymbol{r}) \times |u_{\boldsymbol{k}}(\boldsymbol{r})|^2 \, \mathrm{d}^3\boldsymbol{r} . \tag{9.21}$$

Im Unterschied zur akustischen Streuung verschwindet hier also der Term 0. Ordnung i. a. nicht.

10. Boltzmann-Gleichung

Die Ehrenreich-Cohen-Formel (5.28) ist wegen ihrer Singularität bei $\omega = 0$ ungeeignet, die Gleichstromleitfähigkeit von Halbleitern zu beschreiben. Die Ursache dafür liegt in der Vernachlässigung von Streuungen der Bloch-Elektronen an Kristallirregularitäten, wie Störstellen oder Phononen. Erst diese Streuungen bewirken, daß sich in einem elektrischen Gleichfeld ein stationärer Zustand einstellt und sich damit eine endliche Leitfähigkeit ergibt. Wir müssen also die Betrachtungen von Kap. 3. verallgemeinern und die Streuung der Bloch-Elektronen mit einschließen. Dabei wollen wir uns zunächst auf die Elektron-Phonon-Streuung beschränken und erst später die so abgeleitete *Boltzmann-Gleichung* auf andere Streuprozesse verallgemeinern.

Die experimentell bestimmbare elektrische Stromdichte wird durch das räumliche Mittel des quantenmechanischen Erwartungswertes des Stromdichteoperators

$$\boldsymbol{j}(\boldsymbol{r}') = \frac{e}{2m} [\delta(\boldsymbol{r}' - \boldsymbol{r})\, \boldsymbol{p} + \boldsymbol{p}\, \delta(\boldsymbol{r}' - \boldsymbol{r})]$$

gegeben:

$$\boldsymbol{j} = \frac{1}{\Omega} \int\limits_{\Omega} \mathrm{Sp}\left(W \boldsymbol{j}(\boldsymbol{r}')\right) \mathrm{d}^3\boldsymbol{r}' = \frac{e}{m\Omega} \mathrm{Sp}\,(W\boldsymbol{p}) \quad (10.1)$$

Der statistische Operator W genügt der Gleichung

$$i\hbar \frac{\partial W}{\partial t} = [H, W], \qquad \mathrm{Sp}\, W = 1$$

wobei der Hamilton-Operator des Systems

$$H = H_0 + H_P + H_{EP} - e\boldsymbol{E}\boldsymbol{r}$$

ist. Dabei ist

$$H_0 = \frac{p^2}{2m} + V_0(\boldsymbol{r})$$

der Hamilton-Operator des Bloch-Elektrons,

$$H_P = \sum_{\boldsymbol{w}\alpha} \hbar\,\omega_\alpha(\boldsymbol{w}) \left(b_\alpha^+(\boldsymbol{w})\, b_\alpha(\boldsymbol{w}) + \frac{1}{2}\right)$$

derjenige der Phononen und H_{EP} die Elektron-Phonon-Wechselwirkung (9.1).

Bei abgeschaltetem elektrischem Feld werde das System im thermodynamischen Gleichgewicht durch $W^{(0)}$ beschrieben:

$$[H_0 + H_P + H_{EP}, W^{(0)}] = 0. \quad (10.2)$$

Wir können dann allgemein zerlegen

$$W = W^{(0)} + W^{(1)}. \quad (10.3)$$

Wir denken uns jetzt das elektrische Feld gemäß

$$\boldsymbol{E}(t) = \boldsymbol{E}\, e^{\eta t} \qquad (\eta > 0)$$

adiabatisch eingeschaltet und machen für $W^{(1)}$ den Ansatz $W^{(1)} \sim e^{\eta t}$.

Die Bewegungsgleichung für den statistischen Operator wird dann wegen (10.3)

$$i\hbar\eta\, W^{(1)} = [H_0 + H_P + H_{EP}, W^{(1)}] - C, \quad (10.4)$$

wobei

$$C = e\boldsymbol{E}[\boldsymbol{r}, W]$$

ist.

Die Lösungen des Eigenwertproblems

$$(H_0 + H_P)\,|j\rangle = E_j\,|j\rangle$$

sind $E_j = E_\nu(\boldsymbol{k}) + \sum\limits_{\boldsymbol{w}\alpha} \left(n_\alpha(\boldsymbol{w}) + \frac{1}{2}\right) \hbar\,\omega_\alpha(\boldsymbol{w})$ und $|j\rangle = |\boldsymbol{k}\nu, \ldots n_\alpha(\boldsymbol{w}) \ldots\rangle$.

Wir schreiben die Operatorgleichung (10.4) jetzt in der $(H_0 + H_P)$-Darstellung, so daß sie für Diagonal- und Nichtdiagonalterme

$$i\hbar\eta\, W_j^{(1)} = -C_j + \sum_{j'}{}' (H_{jj'}^{EP}\, W_{j'j}^{(1)} - W_{jj'}^{(1)}\, H_{j'j}^{EP}) \quad (10.5)$$

$$(i\hbar\eta + \tilde{E}_{j'} - \tilde{E}_j)\, W_{jj'}^{(1)} = -C_{jj'} + (W_{j'}^{(1)} - W_j^{(1)})\, H_{jj'}^{EP} + \sum_{l \neq j,j'} (H_{jl}^{EP}\, W_{lj'}^{(1)} - W_{jl}^{(1)}\, H_{lj'}^{EP}) \quad (10.6)$$

lautet.

Dabei bedeuten z. B. $C_{jj'} = \langle j|\, C\, |j'\rangle$, $C_j = C_{jj}$ und $\tilde{E}_j = E_j + H_j^{EP}$. Analoge Definitionen gelten für die anderen Matrixelemente.

Unser Ziel ist jetzt die Ableitung einer Gleichung für $W_j^{(1)}$, die in niedrigster Ordnung von λ gilt, wobei λ die Größenordnung der Elektron-Phonon-Wechselwirkung H_{EP} bestimmt. Dazu beachten wir, daß die beiden Terme auf der rechten Seite von (10.5) von gleicher Größenordnung sind; andernfalls hätte man nämlich keine Gleichung, die $W^{(1)}$ mit dem elektrischen Feld verknüpft. Da C_j von der Ordnung λ^0 ist, sind also die Nichtdiagonalelemente $W_{jj'}^{(1)}$ von der Ordnung λ^{-1}. Aus (10.6) folgt dann weiter, daß die Diagonalelemente $W_j^{(1)}$ von der Ordnung λ^{-2} sind, so daß man

$$W_{jj'}^{(1)} = \frac{W_{j'}^{(1)} - W_j^{(1)}}{i\hbar\eta - (\tilde{E}_j - \tilde{E}_{j'})} H_{jj'}^{EP}$$

erhält. Zusammen mit (10.5) folgt so

$$i\hbar\eta\, W_j^{(1)} = -C_j + \sum_{j'} \left[\frac{1}{i\hbar\eta + (\tilde{E}_j - \tilde{E}_{j'})} + \frac{1}{i\hbar\eta - (\tilde{E}_j - \tilde{E}_{j'})}\right] | H_{jj'}^{EP} |^2 (W_j^{(1)} - W_{j'}^{(1)}).$$

Jetzt lassen wir η gegen 0 gehen und erhalten (siehe (A 3.1))

$$-\frac{i}{\hbar} C_j = \sum_{j'} V_{jj'} (W_{j'}^{(1)} - W_j^{(1)}),$$

wobei

$$V_{jj'} = \frac{2\pi}{\hbar} |H_{jj'}^{EP}|^2 \, \delta(\tilde{E}_j - \tilde{E}_{j'}) = V_{j'j}$$

ist. Da $W_j^{(0)}$ nur von $\tilde{E}_j$ abhängt (vgl. (10.2)), so ist $V_{jj'} (W_{j'}^{(0)} - W_j^{(0)}) = 0$, und es gilt auch

$$-\frac{i}{\hbar} C_j = \sum_{j'} V_{jj'} (W_{j'} - W_j). \qquad (10.7)$$

Da wir uns hier lediglich für das Verhalten der Elektronen interessieren, müssen wir diese Gleichung über die Quantenzahlen $n_\alpha(\boldsymbol{w})$ der Phononen summieren.

Mit (9.10) erhält man

$$\sum_{\ldots n_\alpha'(\boldsymbol{w}) \ldots} V_{jj'} = W_{\boldsymbol{k}'\nu', \boldsymbol{k}\nu},$$

wobei $W_{\boldsymbol{k}'\nu',\boldsymbol{k}\nu}$ noch von den Besetzungszahlen $n_\alpha(\boldsymbol{w})$ der Anfangsverteilung der Phononen abhängt und die Renormierung der Elektronenenergien $E_\nu(\boldsymbol{k})$ um H_j^{EP} vernachlässigt wurde ($\tilde{E}_j - \tilde{E}_{j'} \approx E_j - E_{j'}$).

Aus (10.7) folgt dann

$$-\frac{i}{\hbar} \sum_{\dots n_\alpha(\boldsymbol{w}) \dots} C_j =$$

$$\sum_{\substack{\boldsymbol{k}'\nu' \\ \dots n_\alpha(\boldsymbol{w}) \dots}} [W_{\boldsymbol{k}\nu,\boldsymbol{k}'\nu'} \langle \boldsymbol{k}'\nu', \dots n_\alpha(\boldsymbol{w}) \dots | W | \dots n_\alpha(\boldsymbol{w}) \dots, \boldsymbol{k}'\nu' \rangle$$

$$- W_{\boldsymbol{k}'\nu',\boldsymbol{k}\nu} \langle \boldsymbol{k}\nu, \dots n_\alpha(\boldsymbol{w}) \dots | W | \dots n_\alpha(\boldsymbol{w}) \dots, \boldsymbol{k}\nu \rangle]. \qquad (10.8)$$

Nehmen wir ferner an, daß die Phononen in so starker Wechselwirkung miteinander stehen, daß sie trotz der Stöße mit den Elektronen stets im thermodynamischen Gleichgewicht bleiben, so sind ihre Besetzungszahlen durch die *Bose-Verteilung*

$$n(\omega) = \frac{1}{e^{\frac{\hbar\omega}{k_B T}} - 1} \qquad (10.9)$$

gegeben. Setzen wir diese Verteilung in die Übergangswahrscheinlichkeiten ein, so kann man die $n_\alpha(\boldsymbol{w})$-Summation in (10.8) ausführen, wenn man die Verteilungsfunktion der Elektronen durch das über die Phonon-Besetzungszahlen summierte Diagonalelement des statistischen Operators W definiert:

$$f_\nu(\boldsymbol{k}) = \sum_{\dots n_\alpha(\boldsymbol{w}) \dots} \langle \boldsymbol{k}\nu, \dots n_\alpha(\boldsymbol{w}) \dots | W | \dots n_\alpha(\boldsymbol{w}) \dots, \boldsymbol{k}\nu \rangle .$$

Aus (10.8) folgt dann

$$-\frac{i}{\hbar} \sum_{\dots n_\alpha(\boldsymbol{w}) \dots} C_j = \sum_{\boldsymbol{k}'\nu'} [W_{\boldsymbol{k}\nu,\boldsymbol{k}'\nu'} f_{\nu'}(\boldsymbol{k}') - W_{\boldsymbol{k}'\nu',\boldsymbol{k}\nu} f_\nu(\boldsymbol{k})], \qquad (10.10)$$

wobei in $W_{\boldsymbol{k}\nu,\boldsymbol{k}'\nu'}$ die Gleichgewichtsverteilung $n(\omega_\alpha(\boldsymbol{w}))$ der Phononen einzusetzen ist.

Wir berechnen nun die linke Seite dieser Gleichung in niedrigster Ordnung von λ. Mit (A 2.1) wird

$$-\frac{i}{\hbar}\sum_{\dots n_\alpha(\boldsymbol{w})\dots} C_j = -\frac{e}{\hbar}\boldsymbol{E}\sum_{\dots n_\alpha(\boldsymbol{w})\dots}\langle j\,|\,[\nabla_{\boldsymbol{k}}, W]\,|\,j\rangle$$

$$-\frac{ie}{\hbar}\boldsymbol{E}\sum_{\dots n_\alpha(\boldsymbol{w})\dots}\sum_{j'}[\tilde{\boldsymbol{r}}_{jj'}W_{j'j} - W_{jj'}\tilde{\boldsymbol{r}}_{j'j}].$$

Der letzte Term enthält nur Nichtdiagonalelemente von W und wird daher vernachlässigt. Der erste Term ist

$$\frac{e}{\hbar}\boldsymbol{E}\sum_{\dots n_\alpha(\boldsymbol{w})\dots}\nabla_{\boldsymbol{k}}W_j = \frac{e}{\hbar}\boldsymbol{E}\,\nabla_{\boldsymbol{k}}f_\nu(\boldsymbol{k}).$$

(10.10) wird also schließlich

$$\frac{e}{\hbar}\boldsymbol{E}\,\nabla_{\boldsymbol{k}}f_\nu(\boldsymbol{k}) = \sum_{\boldsymbol{k}'\nu'}[W_{\boldsymbol{k}\nu,\boldsymbol{k}'\nu'}f_{\nu'}(\boldsymbol{k}') - W_{\boldsymbol{k}'\nu',\boldsymbol{k}\nu}f_\nu(\boldsymbol{k})].$$

Das ist die *Boltzmann-Gleichung*. Sie ist eine Integrodifferentialgleichung zur Bestimmung der Verteilungsfunktion $f_\nu(\boldsymbol{k})$ der Elektronen. Aus ihr ergibt sich die elektrische Stromdichte gemäß (10.1) zu

$$\boldsymbol{j} = \frac{e}{m\Omega}\sum_{\substack{\boldsymbol{k}\nu\nu'\\ \dots n_\alpha(\boldsymbol{w})\dots}}\langle\boldsymbol{k}\nu, \dots n_\alpha(\boldsymbol{w})\dots\,|W|\,\dots n_\alpha(\boldsymbol{w})\dots, \boldsymbol{k}\nu'\rangle$$

$$\times\langle\boldsymbol{k}\nu'\,|\,\boldsymbol{p}\,|\boldsymbol{k}\nu\rangle = \frac{e}{\Omega}\sum_{\boldsymbol{k}\nu}f_\nu(\boldsymbol{k})\,\boldsymbol{v}_{\boldsymbol{k}\nu}, \qquad (10.11)$$

wenn man Interband-Matrixelemente vernachlässigt. $\boldsymbol{v}_{\boldsymbol{k}\nu} = \frac{1}{\hbar}\nabla_{\boldsymbol{k}}E_\nu(\boldsymbol{k})$ ist dabei der Erwartungswert des Geschwindigkeitsoperators. Vollbesetzte Bänder ($f_\nu(\boldsymbol{k}) = 1$ für alle $\boldsymbol{k}$) liefern wegen $\boldsymbol{v}_{\boldsymbol{k}\nu} = -\boldsymbol{v}_{-\boldsymbol{k},\nu}$ keinen Beitrag zur Stromdichte.

Die Boltzmann-Gleichung läßt sich leicht anschaulich interpretieren als Bilanzgleichung für die Besetzungswahrscheinlichkeit $f_\nu(\boldsymbol{k})$. Ihre linke Seite, der *Driftterm*, beschreibt das „Driften“ der Elektronen über die Zustände $|\boldsymbol{k}\nu\rangle$ unter dem Einfluß des elektrischen Feldes $\boldsymbol{E}$. Denken wir uns außerdem ein Magnetfeld $\boldsymbol{B}$ eingeschaltet, so liegt es nahe, den Driftterm wie folgt zu verallgemeinern[1]):

$$\left(\frac{\partial f}{\partial t}\right)_{\text{Drift}} = \frac{1}{\hbar}\left(e\boldsymbol{E} + \frac{e}{c}\boldsymbol{v}_{\boldsymbol{k}\nu} \times \boldsymbol{B}\right)\nabla_{\boldsymbol{k}} f_\nu(\boldsymbol{k}).$$

Ferner können die Elektronen ihren Zustand durch Stöße mit Phononen oder anderen Stoßpartnern ändern. Diese Stöße werden mittels Übergangswahrscheinlichkeiten $W_{\boldsymbol{k}\nu,\boldsymbol{k}'\nu'}$ durch die rechte Seite der Boltzmann-Gleichung, den *Stoßterm* $\left(\frac{\partial f}{\partial t}\right)_{\text{Stoß}}$ beschrieben. Dieser setzt sich aus zwei Anteilen zusammen, der Streuung aus einem beliebigen Zustand $|\boldsymbol{k}'\nu'\rangle$ in den betrachteten Zustand $|\boldsymbol{k}\nu\rangle$ und der Streuung aus dem betrachteten Zustand $|\boldsymbol{k}\nu\rangle$ in einen beliebigen Zustand $|\boldsymbol{k}'\nu'\rangle$. Man erwartet im Stoßterm außerdem noch Faktoren $\big(1 - f_\nu(\boldsymbol{k})\big)$ bzw. $(1 - f_{\nu'}(\boldsymbol{k}'))$, die die Wahrscheinlichkeit dafür angeben, daß der Endzustand unbesetzt ist. Diese dem Pauli-Prinzip Rechnung tragenden Faktoren traten in unserer Ableitung deshalb nicht auf, weil wir der Einfachheit halber nur einen Einelektronen-Hamiltonoperator zugrunde gelegt haben.

Mit diesen hier durch anschauliche Betrachtungen eingeführten Verallgemeinerungen schreiben wir die Boltzmann-Gleichung endgültig

$$\boxed{\begin{aligned}&\frac{e}{\hbar}\left(\boldsymbol{E} + \frac{1}{c}\boldsymbol{v}_{\boldsymbol{k}\nu} \times \boldsymbol{B}\right)\nabla_{\boldsymbol{k}} f_\nu(\boldsymbol{k}) = \sum_{\boldsymbol{k}'\nu'}\Big[\big(1 - f_\nu(\boldsymbol{k})\big)\\ &\times W_{\boldsymbol{k}\nu,\boldsymbol{k}'\nu'}\, f_{\nu'}(\boldsymbol{k}') - \big(1 - f_{\nu'}(\boldsymbol{k}')\big)\, W_{\boldsymbol{k}'\nu',\boldsymbol{k}\nu}\, f_\nu(\boldsymbol{k})\Big].\end{aligned}} \tag{10.12}$$

[1]) Ersetzt man in H_0 den Impulsoperator $\boldsymbol{p}$ bei Anwesenheit eines Magnetfeldes wie üblich durch den verallgemeinerten Impuls $\boldsymbol{p} - \frac{e}{c}\boldsymbol{A}$ so liefert die der hier durchgeführten entsprechende Rechnung den Driftterm in der angegebenen Form.

Entsprechend (10.3) zerlegen wir die Verteilungsfunktion gemäß

$$f_\nu(\boldsymbol{k}) = f_0(E_{\boldsymbol{k}\nu}) + f_{1\nu}(\boldsymbol{k}) \equiv f_0(E_{\boldsymbol{k}\nu}) - \Phi_\nu(\boldsymbol{k}) \frac{\mathrm{d}f_0(E_{\boldsymbol{k}\nu})}{\mathrm{d}E_{\boldsymbol{k}\nu}}$$
$$= f_0(E_{\boldsymbol{k}\nu}) \left[1 + \frac{1}{k_B T} \Phi_\nu(\boldsymbol{k}) \big(1 - f_0(E_{\boldsymbol{k}\nu})\big)\right], \tag{10.13}$$

wobei $f_0(E)$ die Gleichgewichtsverteilung (7.1) ist.

Setzt man diese Beziehung in den Stoßterm ein und beachtet das Prinzip des detaillierten Gleichgewichts[1])

$$\big(1 - f_0(E_{\boldsymbol{k}\nu})\big) W_{\boldsymbol{k}\nu,\boldsymbol{k}'\nu'} f_0(E_{\boldsymbol{k}'\nu'}) = \big(1 - f_0(E_{\boldsymbol{k}'\nu'})\big) W_{\boldsymbol{k}'\nu',\boldsymbol{k}\nu} f_0(E_{\boldsymbol{k}\nu}),$$

so wird der Stoßterm

$$\left(\frac{\partial f}{\partial t}\right)_{\text{Stoß}} = \sum_{\boldsymbol{k}'\nu'} P_{\boldsymbol{k}'\nu',\boldsymbol{k}\nu} \left[\frac{f_{\nu'}(\boldsymbol{k}') \,[1 - f_\nu(\boldsymbol{k})]}{f_0(E_{\boldsymbol{k}'\nu'}) \,[1 - f_0(E_{\boldsymbol{k}\nu})]} - \frac{f_\nu(\boldsymbol{k}) \,[1 - f_{\nu'}(\boldsymbol{k}')]}{f_0(E_{\boldsymbol{k}\nu}) \,[1 - f_0(E_{\boldsymbol{k}'\nu'})]}\right],$$

wobei

$$P_{\boldsymbol{k}'\nu',\boldsymbol{k}\nu} = \big(1 - f_0(E_{\boldsymbol{k}'\nu'})\big) W_{\boldsymbol{k}'\nu',\boldsymbol{k}\nu} f_0(E_{\boldsymbol{k}\nu}) = P_{\boldsymbol{k}\nu,\boldsymbol{k}'\nu'}$$

ist.

---

[1]) Bei abgeschalteten äußeren Feldern verschwindet der Driftterm, und das System befindet sich im thermodynamischen Gleichgewicht. Es ist also

$$\left(\frac{\partial f_0}{\partial t}\right)_{\text{Stoß}} = 0.$$

Darüber hinaus herrscht dann detailliertes Gleichgewicht, d. h., jeder Übergang $|\boldsymbol{k}\nu\rangle \to |\boldsymbol{k}'\nu'\rangle$ erfolgt genauso häufig wie der umgekehrte Übergang $|\boldsymbol{k}'\nu'\rangle \to |\boldsymbol{k}\nu\rangle$, so daß jeder Summand des Stoßterms einzeln verschwindet.

Denkt man sich die Verteilungsfunktion nach dem elektrischen Feld entwickelt, so wird $f_{1\nu}(\boldsymbol{k})$ für kleine $|\boldsymbol{E}|$ linear in $\boldsymbol{E}$. Vernachlässigt man in der Boltzmann-Gleichung Produkte von f_1 und $\boldsymbol{E}$ im Driftterm sowie Produkte von Funktionen f_1 im Stoßterm, so erhält man die *linearisierte Boltzmann-Gleichung* zur Bestimmung von f_1 bzw. Φ in niedrigster Ordnung in $\boldsymbol{E}$ [1]):

$$e\left[\boldsymbol{E}\boldsymbol{v}_{\boldsymbol{k}\nu} - \frac{1}{\hbar c}(\boldsymbol{v}_{\boldsymbol{k}\nu} \times \boldsymbol{B})\,\nabla_{\boldsymbol{k}}\,\Phi_\nu(\boldsymbol{k})\right]\frac{\mathrm{d}f_0(E_{\boldsymbol{k}\nu})}{\mathrm{d}E_{\boldsymbol{k}\nu}} =$$

$$\frac{1}{k_B T}\sum_{\boldsymbol{k}'\nu'} P_{\boldsymbol{k}'\nu',\boldsymbol{k}\nu}\,[\Phi_{\nu'}(\boldsymbol{k}') - \Phi_\nu(\boldsymbol{k})] = \left(\frac{\partial f}{\partial t}\right)_{\text{Stoß}} = P\,\Phi_\nu(\boldsymbol{k}). \tag{10.14}$$

Der *Stoßoperator* P ist dabei ein linearer Integraloperator.

Für die später zu behandelnde Relaxationszeitnäherung ist es zweckmäßig, den Stoßterm durch die Übergangswahrscheinlichkeiten $W_{\boldsymbol{k}\nu,\boldsymbol{k}'\nu'}$ auszudrücken. Die linearisierte Boltzmann-Gleichung (10.14) lautet dann nach Division durch

$$-\frac{\mathrm{d}f_0(E_{\boldsymbol{k}\nu})}{\mathrm{d}E_{\boldsymbol{k}\nu}} = \frac{1}{k_B T} f_0(E_{\boldsymbol{k}\nu})\left(1 - f_0(E_{\boldsymbol{k}\nu})\right)$$

wie folgt

$$-e\left[\boldsymbol{E}\boldsymbol{v}_{\boldsymbol{k}\nu} - \frac{1}{\hbar c}(\boldsymbol{v}_{\boldsymbol{k}\nu} \times \boldsymbol{B})\,\nabla_{\boldsymbol{k}}\,\Phi_\nu(\boldsymbol{k})\right] =$$

$$\sum_{\boldsymbol{k}'\nu'} W_{\boldsymbol{k}\nu,\boldsymbol{k}'\nu'}\,\frac{f_0(E_{\boldsymbol{k}'\nu'})}{f_0(E_{\boldsymbol{k}\nu})}\,[\Phi_{\nu'}(\boldsymbol{k}') - \Phi_\nu(\boldsymbol{k})] \tag{10.15}$$

Für verschwindendes Magnetfeld läßt sich diese Gleichung durch Einführen einer *vektoriellen freien Weglänge* $\boldsymbol{\Lambda}_\nu(\boldsymbol{k})$ gemäß

$$\Phi_\nu(\boldsymbol{k}) = e\boldsymbol{E}\,\boldsymbol{\Lambda}_\nu(\boldsymbol{k}) \tag{10.16}$$

---

[1]) Für jede beliebige Funktion $g(E)$ gilt $\boldsymbol{v}_{\boldsymbol{k}\nu} \times \nabla_{\boldsymbol{k}} g(E_{\boldsymbol{k}\nu}) = 0$, so daß der Magnetfeldterm für $f_0(E_{\boldsymbol{k}\nu})$ verschwindet.

in eine Gleichung für $\Lambda_\nu(\boldsymbol{k})$ umformen:

$$\boldsymbol{v}_{\boldsymbol{k}\nu} = \sum_{\boldsymbol{k}'\nu'} W_{\boldsymbol{k}\nu,\boldsymbol{k}'\nu'} \frac{f_0(E_{\boldsymbol{k}'\nu'})}{f_0(E_{\boldsymbol{k}\nu})} \big(\Lambda_\nu(\boldsymbol{k}) - \Lambda_{\nu'}(\boldsymbol{k}')\big).$$

$\Lambda_\nu(\boldsymbol{k})$ ist von $\boldsymbol{E}$ unabhängig.

Weiter definieren wir einen *Relaxationszeit-Tensor* $\tau_\nu(\boldsymbol{k})$ durch

$$\Lambda_\nu(\boldsymbol{k}) = \tau_\nu(\boldsymbol{k})\, \boldsymbol{v}_{\boldsymbol{k}\nu}. \tag{10.17}$$

$\tau_\nu(\boldsymbol{k})$ ist durch (10.17) nicht eindeutig bestimmt. Nur drei der neun Komponenten sind unabhängig. Jedes $\tau_\nu(\boldsymbol{k})$, das die Gleichung

$$\boxed{\boldsymbol{v}_{\boldsymbol{k}\nu} = \sum_{\boldsymbol{k}'\nu'} W_{\boldsymbol{k}\nu,\boldsymbol{k}'\nu'} \frac{f_0(E_{\boldsymbol{k}'\nu'})}{f_0(E_{\boldsymbol{k}\nu})} \big(\tau_\nu(\boldsymbol{k})\, \boldsymbol{v}_{\boldsymbol{k}\nu} - \tau_{\nu'}(\boldsymbol{k}')\, \boldsymbol{v}_{\boldsymbol{k}'\nu'}\big)} \tag{10.18}$$

erfüllt, bestimmt dieselbe Lösung

$$\boxed{\Phi_\nu(\boldsymbol{k}) = e\,\big(\boldsymbol{E}, \tau_\nu(\boldsymbol{k})\, \boldsymbol{v}_{\boldsymbol{k}\nu}\big)} \tag{10.19}$$

der Boltzmann-Gleichung.

Da $f_0(E_{\boldsymbol{k}\nu})$ eine gerade, $\boldsymbol{v}_{\boldsymbol{k}\nu}$ aber eine ungerade Funktion von $\boldsymbol{k}$ ist, wird die Stromdichte (10.11) allein durch $f_{1\nu}(\boldsymbol{k})$ bzw. $\Phi_\nu(\boldsymbol{k})$ bestimmt:

$$\begin{aligned} \boldsymbol{j} &= \frac{e}{\Omega k_B T} \sum_{\boldsymbol{k}\nu} \boldsymbol{v}_{\boldsymbol{k}\nu}\, \Phi_\nu(\boldsymbol{k})\, f_0(E_{\boldsymbol{k}\nu}) \big(1 - f_0(E_{\boldsymbol{k}\nu})\big) \\ &= \frac{e^2}{\Omega k_B T} \sum_{\boldsymbol{k}\nu} \boldsymbol{v}_{\boldsymbol{k}\nu} \big(\boldsymbol{E}, \tau_\nu(\boldsymbol{k})\, \boldsymbol{v}_{\boldsymbol{k}\nu}\big) f_0(E_{\boldsymbol{k}\nu}) \big(1 - f_0(E_{\boldsymbol{k}\nu})\big), \end{aligned} \tag{10.20}$$

so daß für kleine $|\boldsymbol{E}|$ das *Ohmsche Gesetz* gilt, d. h. $\boldsymbol{j}$ linear von $\boldsymbol{E}$ abhängt. Für den Leitfähigkeitstensor (5.9) erhält man also

$$\sigma = \frac{e^2}{\Omega k_B T} \sum_{k\nu} \boldsymbol{v}_{k\nu} \cdot \boldsymbol{\tau}_\nu(\boldsymbol{k})\, \boldsymbol{v}_{k\nu}\, f_0(E_{k\nu}) \left(1 - f_0(E_{k\nu})\right). \tag{10.21}$$

Die ν-Summe braucht nur über die teilweise besetzten Bänder erstreckt zu werden. In nichtentarteten Halbleitern ist $f_0(E_{k\nu}) \ll 1$ in den Leitungsbändern und $f_0(E_{k\nu}) \approx 1$ in den Valenzbändern, so daß man $f_0(1 - f_0)$ in (10.21) durch die Gleichgewichtsverteilungsfunktion f_0 der Elektronen bzw. $1 - f_0$ der Löcher ersetzen kann.

In allen folgenden Betrachtungen wollen wir Interbandübergänge in der Boltzmann-Gleichung vernachlässigen. Wir lassen daher zur Vereinfachung der Schreibweise den Bandindex weg.

11. Lösungen der Boltzmann-Gleichung

11.1. Relaxationszeit

Von besonderer Bedeutung sind die Fälle, in denen man die Gleichung (10.18) durch eine *skalare* Relaxationszeit

$$\boldsymbol{\tau}(\boldsymbol{k}) = \tau(\boldsymbol{k}) \cdot 1$$

lösen kann. Da ein einfaches Kriterium dafür nicht bekannt ist, betrachten wir zwei wichtige Spezialfälle, für die eine skalare Relaxationszeit in Strenge existiert.

Zunächst behandeln wir das *Standardmodell.* Es ist dadurch definiert, daß die Energieflächen sphärisch sind:

$$E_{\boldsymbol{k}} = E(|\boldsymbol{k}|)$$

und die Streuung elastisch und isotrop ist:

$$W_{\boldsymbol{k}'\boldsymbol{k}} = W(E_{\boldsymbol{k}}, \Theta)\, \delta(E_{\boldsymbol{k}} - E_{\boldsymbol{k}'}) = W_{\boldsymbol{k}\boldsymbol{k}'}.$$

$\Theta = \sphericalangle\, (\boldsymbol{k}, \boldsymbol{k}')$ ist dabei der Streuwinkel.

Dann wird (10.18) durch eine skalare, nur von der Energie abhängige Relaxationszeit

$$\boxed{\tau(E_{\boldsymbol{k}}) = \Big[\sum_{\boldsymbol{k}'} W_{\boldsymbol{k}'\boldsymbol{k}}\,(1 - \cos\Theta)\Big]^{-1}} \tag{11.1}$$

gelöst, wie man durch Einsetzen in (10.18) beweist.

Zu dem zweiten Fall mit skalarer Relaxationszeit kommt man durch folgende Betrachtungen. Man kann zu jedem $\boldsymbol{k}$ solche Vektoren $\boldsymbol{k}^*$ finden, daß

$$E_{\boldsymbol{k}} = E_{\boldsymbol{k}^*} \quad \text{und} \quad \boldsymbol{v}_{\boldsymbol{k}} = -\boldsymbol{v}_{\boldsymbol{k}^*} \tag{11.2}$$

gilt. Zum Beispiel ist $-\boldsymbol{k}$ ein derartiger Vektor. Aber es lassen sich darüber hinaus bei Mehrtalhalbleitern auch in demselben Tal Vektoren $\boldsymbol{k}^*$ finden, die (11.2) erfüllen.

Genügt jetzt $W_{\boldsymbol{k}'\boldsymbol{k}}$ der Bedingung

$$W_{\boldsymbol{k}'\boldsymbol{k}} = W_{\boldsymbol{k}'^*\boldsymbol{k}} = W_{\boldsymbol{k}'\boldsymbol{k}^*}, \tag{11.3}$$

so ist (10.18) durch die skalare Relaxationszeit

$$\boxed{\tau(\boldsymbol{k}) = \left[\sum_{\boldsymbol{k}'} W_{\boldsymbol{k}\boldsymbol{k}'}\,\frac{f_0(E_{\boldsymbol{k}'})}{f_0(E_{\boldsymbol{k}})}\right]^{-1}} \tag{11.4}$$

lösbar. Unter Beachtung von $\tau(\boldsymbol{k}) = \tau(\boldsymbol{k}^*)$ verschwindet nämlich $\sum_{\boldsymbol{k}'} W_{\boldsymbol{k}\boldsymbol{k}'}\,\frac{f_0(E_{\boldsymbol{k}'})}{f_0(E_{\boldsymbol{k}})}\,\tau(\boldsymbol{k}')\,\boldsymbol{v}_{\boldsymbol{k}'}$.

Ist die Übergangswahrscheinlichkeit nur über die Energie von $\boldsymbol{k}$ abhängig,

$$W_{\boldsymbol{k}'\boldsymbol{k}} = W(E_{\boldsymbol{k}'}, E_{\boldsymbol{k}}), \tag{11.5}$$

so ist (11.3) erfüllt, und die Relaxationszeit ist lediglich eine Funktion der Energie. Über die Bandstruktur $E(\boldsymbol{k})$ braucht dabei nichts vorausgesetzt zu werden.

In Mehrtalhalbleitern setzt man für die Zwischental-Übergänge häufig

$$W_{\boldsymbol{k}'\boldsymbol{k}} \approx W_{\boldsymbol{k}_\varrho \boldsymbol{k}_\sigma}, \tag{11.6}$$

wenn $\boldsymbol{k}$ in der Nähe des Tales $\boldsymbol{k}_\sigma$ (Vektor zum Talminimum) und $\boldsymbol{k}'$ in der Nähe des Tales $\boldsymbol{k}_\varrho$ liegt. Zwischental-Übergänge erfüllen in dieser Näherung also immer (11.3) und lassen sich daher durch eine skalare Relaxationszeit beschreiben.

Meist unterliegt das Elektron mehreren voneinander unabhängigen Streuprozessen, so daß sich die Übergangswahrscheinlichkeit additiv zerlegen läßt: $W_{\boldsymbol{k}'\boldsymbol{k}} = W^{(1)}_{\boldsymbol{k}'\boldsymbol{k}} + W^{(2)}_{\boldsymbol{k}'\boldsymbol{k}}$. Erfüllt $W^{(1)}_{\boldsymbol{k}'\boldsymbol{k}}$ die Voraussetzungen des Standardmodells und gilt für $W^{(2)}_{\boldsymbol{k}'\boldsymbol{k}}$ Gleichung (11.3), so existiert eine skalare Relaxationszeit τ, und es ist

$$\frac{1}{\tau} = \frac{1}{\tau_1} + \frac{1}{\tau_2}.$$

τ_1 ist dabei durch (11.1) und τ_2 durch (11.4) gegeben. Aus (10.18) folgt nämlich

$$\begin{aligned}
\frac{\boldsymbol{v}_{\boldsymbol{k}}}{\tau(\boldsymbol{k})} &= \sum_{\boldsymbol{k}'} \frac{f_0(E_{\boldsymbol{k}'})}{f_0(E_{\boldsymbol{k}})} \left(W^{(1)}_{\boldsymbol{k}\boldsymbol{k}'} + W^{(2)}_{\boldsymbol{k}\boldsymbol{k}'}\right) \left(\boldsymbol{v}_{\boldsymbol{k}} - \frac{\boldsymbol{v}_{\boldsymbol{k}'}\,\tau(\boldsymbol{k}')}{\tau(\boldsymbol{k})}\right) \\
&= \sum_{\boldsymbol{k}'} W^{(1)}_{\boldsymbol{k}\boldsymbol{k}'}\, \boldsymbol{v}_{\boldsymbol{k}}\, (1 - \cos\Theta) + \sum_{\boldsymbol{k}'} W^{(2)}_{\boldsymbol{k}\boldsymbol{k}'} \frac{f_0(E_{\boldsymbol{k}'})}{f_0(E_{\boldsymbol{k}})} \boldsymbol{v}_{\boldsymbol{k}} \\
&= \frac{\boldsymbol{v}_{\boldsymbol{k}}}{\tau_1(\boldsymbol{k})} + \frac{\boldsymbol{v}_{\boldsymbol{k}}}{\tau_2(\boldsymbol{k})}.
\end{aligned}$$

Existiert eine skalare Relaxationszeit, so wird mit (10.19) und (10.15)

$$-\,e\boldsymbol{E}\boldsymbol{v}_{\boldsymbol{k}} = -\,\frac{\Phi(\boldsymbol{k})}{\tau(\boldsymbol{k})}$$

Der Stoßterm schreibt sich also mit (10.14)

$$\left(\frac{\partial f}{\partial t}\right)_{\text{Stoß}} = P\Phi(\boldsymbol{k}) = \frac{d f_0(E_{\boldsymbol{k}})}{d E_{\boldsymbol{k}}} \frac{\Phi(\boldsymbol{k})}{\tau(\boldsymbol{k})} = -\,\frac{f(\boldsymbol{k}) - f_0(E_{\boldsymbol{k}})}{\tau(\boldsymbol{k})}. \tag{11.7}$$

Approximiert man den Stoßterm durch den rechts stehenden Ausdruck, so spricht man von der *Relaxationszeitnäherung*. In den oben angegebenen Fällen gilt (11.7) streng und τ ist durch (11.1) bzw. (11.4) gegeben.

Existiert eine skalare und nur von der Energie abhängige Relaxationszeit, so kann man die Verteilungsfunktion (10.13) in der Form

$$f(\boldsymbol{k}) = f_0(E) - \frac{e}{\hbar}\boldsymbol{E}\tau\,\nabla_{\boldsymbol{k}} f_0(E(\boldsymbol{k})) \approx f_0\left(E\left(\boldsymbol{k} - \frac{e}{\hbar}\boldsymbol{E}\tau\right)\right)$$

schreiben, d. h., die f = const-Flächen sind gleich den um $\frac{e}{\hbar}\boldsymbol{E}\tau$ im $\boldsymbol{k}$-Raum verschobenen f_0 = const-Flächen (Abb. 50).

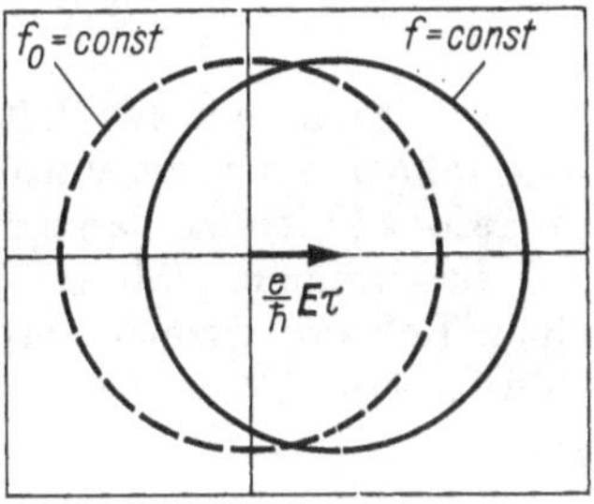

Abb. 50. f = const-Flächen bei Existenz einer skalaren, nur von der Energie abhängigen Relaxationszeit für sphärische Energieflächen

Zur anschaulichen Deutung der Relaxationszeit betrachten wir das nicht stationäre Verhalten der Verteilungsfunktion nach Abschalten der äußeren Felder. Gilt zu jedem Zeitpunkt

$$\left(\frac{\partial f}{\partial t}\right)_{\text{Stoß}} = -\frac{f - f_0}{\tau},$$

so folgt aus einer verallgemeinerten zeitabhängigen Form der Boltzmann-Gleichung nach Abschalten der Felder zur Zeit t_0 als Lösung

$$f(t) = f_0 + (f(t_0) - f_0)\, e^{-\frac{t-t_0}{\tau}},$$

die Verteilungsfunktion relaxiert also exponentiell gegen die Gleichgewichtsverteilung f_0 mit der Zeitkonstanten τ. Wenn τ von $\boldsymbol{k}$ abhängt, relaxieren die Zustände unterschiedlich schnell.

11.2. Ellipsoidische Energieflächen

Wir betrachten jetzt elektronische Transportprozesse in n-Silizium und n-Germanium. Bei diesen Stoffen handelt es sich um Mehrtalhalbleiter mit ellipsoidischen, parabolischen Bändern, deren $\boldsymbol{k}$-Abhängigkeit in der Nähe des Tals bei $\boldsymbol{k}_\varrho$ die Form

$$E_{\boldsymbol{k}} = E_0 + \frac{\hbar^2}{2} (\mathsf{m}^{*-1} \cdot (\boldsymbol{k} - \boldsymbol{k}_\varrho), \boldsymbol{k} - \boldsymbol{k}_\varrho) \qquad (11.8)$$

hat.

Die $\boldsymbol{k}'$-Summe in der Boltzmann-Gleichung zerlegen wir in Summen über die einzelnen Täler. Die Zwischentalprozesse können wir dabei durch eine skalare Relaxationszeit beschreiben, während wir für die Innertal-Prozesse einen Relaxationszeit-Tensor ableiten werden.

Mittels der Transformation

$$\varkappa = \left(\frac{\mathsf{m}^*}{m}\right)^{-\frac{1}{2}} (\boldsymbol{k} - \boldsymbol{k}_\varrho) \qquad (11.9)$$

gehen wir jetzt zu sphärischen Energieflächen über. So wird $E = \dfrac{\hbar^2 \varkappa^2}{2m}$ und

$$\boldsymbol{v} = \frac{1}{\hbar} \nabla_{\boldsymbol{k}} E = \frac{1}{\hbar} \left(\frac{\mathsf{m}^*}{m}\right)^{-\frac{1}{2}} \nabla_{\varkappa} E = \frac{\hbar}{\sqrt{m}} \mathsf{m}^{*^{-\frac{1}{2}}} \varkappa. \qquad (11.10)$$

Setzen wir weiter elastische Streuung voraus,

$$W_{\boldsymbol{k}\boldsymbol{k}'} = W_\varkappa(\hat{\varkappa}, \hat{\varkappa}')\, \delta(\varkappa - \varkappa'),$$

so wird aus (10.18)

$$\hat{\varkappa} = \frac{\Omega}{8\pi^3} \varkappa^2 \det \left(\frac{\mathsf{m}^*}{m}\right)^{\frac{1}{2}} \int \mathrm{d}\Omega' \, W_\varkappa(\hat{\varkappa}, \hat{\varkappa}') \left(\mathsf{m}^{*\frac{1}{2}} \tau(\boldsymbol{k}) \times \mathsf{m}^{*-\frac{1}{2}} \hat{\varkappa} - \mathsf{m}^{*\frac{1}{2}} \tau(\boldsymbol{k}') \, \mathsf{m}^{*-\frac{1}{2}} \hat{\varkappa}'\right). \tag{11.11}$$

Zur weiteren Behandlung dieser Gleichung machen wir jetzt die *Diffusionsapproximation*, d. h., wir entwickeln $\Phi(\varkappa)$ nach Kugelflächenfunktionen $Y_{lm}(\hat{\varkappa})$ und vernachlässigen alle Terme mit $l \geqq 2$:

$$\Phi(\varkappa) = \sum_{m=-1}^{1} \Phi_m(\varkappa) \, Y_{1m}(\hat{\varkappa}). \tag{11.12}$$

Mit

$$\boldsymbol{Y} = \left(Y_{1m}(\hat{\varkappa})\right)$$

ist

$$\boldsymbol{\varkappa} = \varkappa \, \mathsf{S} \, \boldsymbol{Y}, \tag{11.13}$$

wobei

$$\mathsf{S} = \sqrt{\frac{2\pi}{3}} \begin{pmatrix} 1 & 0 & 1 \\ i & 0 & -i \\ 0 & \sqrt{2} & 0 \end{pmatrix},$$

wenn man die $\varkappa_3$-Richtung als Polarachse wählt.

Setzt man $\boldsymbol{\Phi} = (\Phi_m)$, so wird (11.12) mit (11.10) und (11.13)

$$\Phi = (\boldsymbol{\Phi}, \boldsymbol{Y}) = \frac{1}{\varkappa} (\boldsymbol{\Phi}, \mathsf{S}^{-1} \boldsymbol{\varkappa}) = \frac{\sqrt{m}}{\hbar \varkappa} \left(\boldsymbol{\Phi}, \mathsf{S}^{-1} \, \mathsf{m}^{*\frac{1}{2}} \boldsymbol{v}\right) = e(\boldsymbol{E}, \tau \boldsymbol{v}).$$

Die Diffusionsapproximation hat also bei der betrachteten Bandstruktur zur Folge, daß τ nur von E (bzw. $\varkappa$) abhängt. (11.11) wird mit einer derartigen Relaxationszeit

$$\hat{\varkappa} = \mathsf{m}^{*\frac{1}{2}} \tau(\varkappa) \, \mathsf{m}^{*-\frac{1}{2}} \frac{\Omega}{8\pi^3} \varkappa^2 \det \left(\frac{\mathsf{m}^*}{m}\right)^{\frac{1}{2}} \int \mathrm{d}\Omega' \, W_\varkappa(\hat{\varkappa}, \hat{\varkappa}') \, (\hat{\varkappa} - \hat{\varkappa}'). \tag{11.14}$$

Im allgemeinen gibt es jedoch kein nur von der Energie abhängiges $\tau(\varkappa)$, das diese Gleichung streng löst. Man muß sich mit Näherungslösungen begnügen.

Erfüllt $\tau(\varkappa)$ näherungsweise (11.14), so kann man noch vorhandene andere Streuprozesse, die durch eine skalare Relaxationszeit gemäß (11.1) oder (11.4) beschreibbar sind, wie z. B. die Zwischentalstreuung, dadurch berücksichtigen, daß man die reziproken Relaxationszeiten addiert. Gleichung (11.14) lautet nämlich im Hauptachsensystem von $\hat{\tau}$

$$\hat{\varkappa}_i = \tau_i \sum_{\boldsymbol{k}'} W_{\boldsymbol{k}\boldsymbol{k}'} (\hat{\varkappa}_i - \hat{\varkappa}_i').$$

Ist $W'_{\boldsymbol{k}\boldsymbol{k}'}$ die Übergangswahrscheinlichkeit für einen Prozeß im Standardmodell, oder gilt für $W'_{\boldsymbol{k}\boldsymbol{k}'}$ (11.3), so ist

$$\sum_{\boldsymbol{k}'} (W_{\boldsymbol{k}\boldsymbol{k}'} + W'_{\boldsymbol{k}\boldsymbol{k}'}) \frac{f_0(E_{\boldsymbol{k}'})}{f_0(E_{\boldsymbol{k}})} (\varkappa_i - \varkappa_i') = \frac{\varkappa_i}{\tau_i} + \frac{\varkappa_i}{\tau'} = \frac{\varkappa_i}{\tau_{i\text{tot}}},$$

wobei τ' bzw. τ_{tot} die Relaxationszeiten für $W'_{\boldsymbol{k}\boldsymbol{k}'}$ bzw. $W_{\boldsymbol{k}\boldsymbol{k}'} + W'_{\boldsymbol{k}\boldsymbol{k}'}$ sind.

Die Stromdichte der Elektronen aus dem Tal um $\boldsymbol{k}_\varrho$, im Hauptachsensystem von τ berechnet, wird für nur von der Energie abhängiges τ (siehe (10.20))

$$j_i^{(\varrho)} = \frac{e^2}{\Omega k_B T} \sum_{\boldsymbol{k}} v_i^2(\boldsymbol{k})\, \tau_i^{(\varrho)}(E_{\boldsymbol{k}})\, f_0(E_{\boldsymbol{k}}) \left(1 - f_0(E_{\boldsymbol{k}})\right) E_i.$$

Die $\boldsymbol{k}$-Summation läuft über das Tal um $\boldsymbol{k}_\varrho$, kann aber wegen des exponentiell abklingenden Faktors f_0 bis ins Unendliche erstreckt werden. Es ist nun

$$\sum_{\boldsymbol{k}} v_i^2 \tau_i f_0(1 - f_0) = \frac{3}{2} \sum_{\boldsymbol{k}} (E_{\boldsymbol{k}} - E_0) \frac{\tau_i}{m_i^*} f_0(1 - f_0),$$

wie man durch Übergang zu $\varkappa$ beweist $\left(\vartheta = \sphericalangle(\hat{\varkappa}, \boldsymbol{e}_i)\right)$:

$$\sum_{\boldsymbol{k}} v_i^2 \tau_i f_0 = \frac{\Omega}{8\pi^3} \int d^3\varkappa \det \left(\frac{\mathsf{m}^*}{m}\right)^{\frac{1}{2}} \frac{\hbar^2}{m} \frac{\varkappa^2 \cos^2\vartheta}{m_i^*} \tau_i f_0$$

$$= \frac{1}{3} \frac{\Omega}{8\pi^3} \int d^3\varkappa \det \left(\frac{\mathsf{m}^*}{m}\right)^{\frac{1}{2}} 2(E_{\boldsymbol{k}} - E_0) \frac{\tau_i}{m_i^*} f_0 .$$

Setzt man ferner

$$x = \frac{E_{\boldsymbol{k}} - E_0}{k_B T},$$

so wird

$$j_i^{(\varrho)} = \frac{2}{3} \frac{e^2}{\Omega} \sum_{\boldsymbol{k}} x \frac{\tau_i^{(\varrho)}}{m_i^{*(\varrho)}} f_0(E_{\boldsymbol{k}}) \left(1 - f_0(E_{\boldsymbol{k}})\right) E_i .$$

In nichtentarteten Halbleitern ist

$$f_0 = \exp\left(-\frac{E - \zeta}{k_B T}\right) \ll 1.$$

Dadurch fällt die Klammer $(1 - f_0)$ weg. Zur weiteren Auswertung der Summe benutzen wir die bei der Bandstruktur (11.8) für eine beliebige Funktion $F(x)$ gültige Beziehung[1])

$$\frac{1}{\Omega} \sum_{\boldsymbol{k}} \exp\left(-\frac{E_{\boldsymbol{k}} - \zeta}{k_B T}\right) F(x) = n_0 \langle F(x) \rangle e^{\frac{\zeta - E_0}{k_B T}}, \tag{11.15}$$

wobei

$$n_0 = \frac{1}{4\pi^3} \left(\frac{2\pi k_B T}{\hbar^2}\right)^{\frac{3}{2}} \sqrt{m_1^* m_2^* m_3^*}$$

[1]) Der Beweis erfolgt durch Transformation $\boldsymbol{k} \to \hat{\varkappa} \to x$.

die *effektive Zustandsdichte* (7.3) und

$$\langle F(x) \rangle = \frac{2}{\sqrt{\pi}} \int_0^\infty e^{-x} \sqrt{x}\, F(x)\, \mathrm{d}x$$

das *Maxwellsche Mittel*[2]) ist.

Wir erhalten somit

$$\boxed{j_i^{(\varrho)} = \frac{2e^2}{3} \left(n_0 e^{\frac{\zeta - E_0}{k_B T}} \right) \cdot \left\langle x \frac{\tau_i^{(\varrho)}}{m_i^{*(\varrho)}} \right\rangle E_i = |e|\, n\, \mu_i^{(\varrho)} E_i} \tag{11.16}$$

mit der *Beweglichkeit*

$$\boxed{\mu_i^{(\varrho)} = \frac{2\,|e|}{3} \left\langle x \frac{\tau_i^{(\varrho)}}{m_i^{*(\varrho)}} \right\rangle,} \tag{11.17}$$

n ist die Elektronendichte in dem betrachteten Tal.

Selbst wenn die Relaxationszeiten sich reziprok addieren, gilt das für die Beweglichkeiten nur dann, wenn die Energieabhängigkeiten der beiden Relaxationszeiten gleich sind. Die *Matthiessensche Regel* der Additivität elektrischer Widerstände gilt also nicht ohne weiteres für Halbleiter.

Wie aus (11.16) ersichtlich, ist die Stromdichte in den einzelnen Tälern im allgemeinen nicht der elektrischen Feldstärke $\boldsymbol{E}$ parallel. Summiert man jedoch über alle Täler, so muß in kubischen Kristallen aus Symmetriegründen

$$j_i = \sum_{\varrho=1}^{z} j_i^{(\varrho)} = \sum_{\varrho=1}^{z} |e|\, n\, \mu_i^{(\varrho)} E_i = \sigma_0 E_i$$

---

[1]) Das Maxwellsche Mittel von Potenzen ist

$$\langle x^\nu \rangle = \frac{2}{\sqrt{\pi}} \Gamma\left(\nu + \frac{3}{2}\right)$$

gelten, wobei σ_0 die *skalare Leitfähigkeit* ist:

$$\sigma_0 = \sum_{\varrho=1}^{z} |e|\, n \mu_i^{(\varrho)} = \frac{1}{3} \sum_{\varrho=1}^{z} \sum_{i=1}^{3} |e|\, n \mu_i^{(\varrho)} = \frac{z}{3} |e|\, n \sum_{i=1}^{3} \mu_i^{(\varrho)}$$
$$= |e|\, n_c \frac{1}{3} \sum_{i=1}^{3} \mu_i^{(\varrho)}.$$

$n_c = zn$ ist die Elektronendichte im Leitungsband.

Die den obigen Betrachtungen zugrunde liegende Annahme (11.8) parabolischer Bänder ist für etliche Halbleiter, wie z. B. InSb, nicht erfüllt. Wir können unsere Untersuchungen jedoch leicht auf den Fall nichtparabolischer Bänder der Form

$$E_{\boldsymbol{k}} = E_0 + \frac{\hbar^2}{2m} g\left(m(\mathsf{m}^{*-1}(\boldsymbol{k} - \boldsymbol{k}_\varrho), \boldsymbol{k} - \boldsymbol{k}_\varrho)\right)$$

verallgemeinern, wobei $g(x)$ eine beliebige Funktion ist. Mit der Transformation (11.9) erhalten wir jetzt

$$E_{\varkappa} = E_0 + \frac{\hbar^2}{2m} g(\varkappa^2) \quad \text{und} \quad \boldsymbol{v} = \frac{\hbar}{\sqrt{m}} \mathsf{m}^{*^{-\frac{1}{2}}} g' \cdot \boldsymbol{\varkappa}, \quad \text{wobei}$$

$g' = \dfrac{\mathrm{d}g(\varkappa^2)}{\mathrm{d}(\varkappa^2)}$ ist. In dem Ausdruck (11.16) für j_i steht dann zusätzlich $(g')^2$ unter dem Maxwell-Mittel.

11.3. Kohlersches Variationsverfahren

Zuweilen ist es zweckmäßig, die Boltzmann-Gleichung in ein ihr äquivalentes Variationsproblem umzuformen und dieses nach Standardmethoden zu lösen.

Dazu schreiben wir die Boltzmann-Gleichung (10.14) in der Form

$$\varphi(\boldsymbol{k}) = P\Phi(\boldsymbol{k}), \tag{11.18}$$

wobei für verschwindendes Magnetfeld

$$\varphi(\boldsymbol{k}) = e\boldsymbol{E}\boldsymbol{v}_{\boldsymbol{k}} \frac{\mathrm{d}f_0(E_{\boldsymbol{k}})}{\mathrm{d}E_{\boldsymbol{k}}} \tag{11.19}$$

und

$$P\Phi(\boldsymbol{k}) = \frac{1}{k_B T} \sum_{\boldsymbol{k}'} P_{\boldsymbol{k}\boldsymbol{k}'} \left(\Phi(\boldsymbol{k}') - \Phi(\boldsymbol{k})\right) \quad (11.20)$$

ist.

Definiert man $(\psi, \chi) = \frac{1}{\Omega} \sum_{\boldsymbol{k}} \psi(\boldsymbol{k})\, \chi(\boldsymbol{k})$, so zeigt man leicht folgende beiden Eigenschaften des Stoßoperators P:

P ist symmetrisch, denn wegen $P_{\boldsymbol{k}\boldsymbol{k}'} = P_{\boldsymbol{k}'\boldsymbol{k}}$ gilt für beliebige $\psi(\boldsymbol{k})$ und $\chi(\boldsymbol{k})$:

$$\begin{aligned}(\psi, P\chi) - (\chi, P\psi) &= \frac{1}{\Omega} \sum_{\boldsymbol{k}\boldsymbol{k}'} P_{\boldsymbol{k}\boldsymbol{k}'} \left(\psi(\boldsymbol{k})\, \chi(\boldsymbol{k}') - \chi(\boldsymbol{k})\, \psi(\boldsymbol{k}')\right) \\ &= 0\end{aligned}$$

P ist negativ definit, denn für beliebige $\psi(\boldsymbol{k})$ gilt

$$\begin{aligned}(\psi, P\psi) &= \frac{1}{\Omega} \sum_{\boldsymbol{k}\boldsymbol{k}'} P_{\boldsymbol{k}\boldsymbol{k}'}\, \psi(\boldsymbol{k}) \left(\psi(\boldsymbol{k}') - \psi(\boldsymbol{k})\right) \\ &= \frac{1}{\Omega} \sum_{\boldsymbol{k}\boldsymbol{k}'} P_{\boldsymbol{k}\boldsymbol{k}'}\, \psi(\boldsymbol{k}') \left(\psi(\boldsymbol{k}) - \psi(\boldsymbol{k}')\right) \\ &= -\frac{1}{2} \frac{1}{\Omega} \sum_{\boldsymbol{k}\boldsymbol{k}'} P_{\boldsymbol{k}\boldsymbol{k}'} \left(\psi(\boldsymbol{k}) - \psi(\boldsymbol{k}')\right)^2 \leqq 0 .\end{aligned}$$

Das *Kohlersche Variationsprinzip* besagt nun, daß $\Phi(\boldsymbol{k})$ genau dann Lösung der Boltzmann-Gleichung (11.18) ist, wenn

$$\boxed{(\Phi, P\Phi) = \text{Min.}} \quad (11.21)$$

mit der Nebenbedingung

$$\boxed{(\Phi, P\Phi) = (\varphi, \Phi)} \quad (11.22)$$

gilt.

Löst nämlich Φ die Boltzmann-Gleichung $P\Phi = \varphi$, so gilt für jede Vergleichsfunktion Φ', die die Nebenbedingung $(\Phi', P\Phi') = (\varphi, \Phi')$ erfüllt, wegen der Symmetrie und Definitheit von P

$$0 \geqq (\Phi - \Phi', P(\Phi - \Phi')) = (\Phi, P\Phi) - (\Phi', P\Phi'),$$

d. h., $(\Phi, P\Phi)$ ist minimal.

Ist andererseits $\delta(\Phi, P\Phi) = 0$ mit obiger Nebenbedingung erfüllt, so ist

$$\delta[(\Phi, P\Phi) + \lambda\{(\Phi, P\Phi) - (\varphi, \Phi)\}] = 0,$$

d. h.

$$2(\lambda + 1)P\Phi = \lambda\varphi.$$

Aus der Nebenbedingung folgt dann $\lambda = -2$ und damit $P\Phi = \varphi$.

Beschränken wir uns jetzt auf kubische Kristalle, so sind Stromdichte und elektrisches Feld einander parallel. Legen wir das Feld $\boldsymbol{E}$ in x-Richtung, so ergibt sich also die Leitfähigkeit aus (10.20) zu

$$\sigma_0 = -\frac{e}{\Omega\,|\boldsymbol{E}|}\sum_{\boldsymbol{k}} v_x(\boldsymbol{k})\,\Phi(\boldsymbol{k})\,\frac{\mathrm{d}f_0}{\mathrm{d}E} = -\frac{2}{\boldsymbol{E}^2}(\varphi, \Phi). \tag{11.23}$$

Der Faktor 2 tritt hier dadurch auf, daß das betrachtete Band mit Elektronen beider Spinrichtungen besetzt ist, die den gleichen Beitrag zum Strom liefern.

Zur Lösung des Variationsproblems verwenden wir das Ritzsche Verfahren. Dazu wird $\Phi(\boldsymbol{k})$ nach einem vollständigen Funktionssystem $\chi_i(\boldsymbol{k})$ entwickelt:

$$\Phi(\boldsymbol{k}) = \sum_{i=0}^{\infty} a_i \chi_i(\boldsymbol{k}), \tag{11.24}$$

und man erhält dann ein unendliches lineares Gleichungssystem

$$\sum_j d_{ij}\,a_j = \alpha_i, \tag{11.25}$$

wobei

$$d_{ij} = (\chi_i, P\chi_j)$$

und

$$\alpha_i = (\varphi, \chi_i)$$

ist. Mit (11.23) folgt also

$$\sigma_0 = -\frac{2}{\boldsymbol{E}^2} \sum_i \alpha_i\, a_i\,. \tag{11.26}$$

Beschränkt man sich in (11.24) auf den Term mit $i = 0$, so ergibt sich aus (11.25) $a_0 = \alpha_0/d_{00}$, so daß

$$\sigma_0 = -\frac{2}{\boldsymbol{E}^2} \frac{\alpha_0^2}{d_{00}} \tag{11.27}$$

wird.

Die nach dem Variationsprinzip berechnete Leitfähigkeit ergibt sich stets kleiner als die exakte Leitfähigkeit, denn das mit irgendeiner Vergleichsfunktion Φ' berechnete σ_0' ist wegen (11.22) und (11.23)

$$\sigma_0' = -\frac{2}{\boldsymbol{E}^2} (\varphi, \Phi') = -\frac{2}{\boldsymbol{E}^2} (\Phi', P\Phi')$$

$$\leqq -\frac{2}{\boldsymbol{E}^2} (\Phi, P\Phi) = \sigma_0\,, \tag{11.28}$$

wobei (11.21) benutzt wurde.

12. Elektrische Leitfähigkeit

12.1. Streuung an ionisierten Störstellen

Als wichtigste Streuprozesse von Bloch-Elektronen im Halbleiter betrachten wir in den nun folgenden Abschnitten die Streuung an ionisierten Störstellen und die Streuung an Phononen.

Das Potential (6.10) eines ionisierten Donators hatten wir bereits benutzt, um die lokalisierten Donatorzustände zu berechnen. Dieses Potential ist jedoch nur in der Umgebung des Donators verwendbar. Für Streuprozesse hingegen ist gerade der Potentialverlauf in großer Entfernung vom Streuer von entscheidender Bedeutung. Dort zeigt das Potential des ionisierten Donators nicht mehr die $\frac{1}{r}$-Abhängigkeit des Coulomb-Potentials, sondern es wird durch die, wenn auch nur in geringer Dichte n_c vorhandenen Leitungselektronen abgeschirmt. Die einfachste Approximation für diese Abschirmung erhält man aus der Ehrenreich-Cohen-Formel (5.22) für $\omega \to 0$

$$\varepsilon(q) = \varepsilon_0 - \frac{4\pi e^2}{\Omega q^2} \sum_{k\nu} \frac{\mathrm{d} f_0(E_{k\nu})}{\mathrm{d} E_{k\nu}}.$$

ε_0 ist die den Interbandanteil enthaltende optische Dielektrizitätskonstante (8.28). Für nichtentartete Leitungselektronen ist $\frac{\mathrm{d} f_0}{\mathrm{d} E} = -\frac{f_0}{k_B T}$, und man erhält die *Thomas-Fermi-Abschirmfunktion*

$$\boxed{\varepsilon(q) = \varepsilon_0 \left(1 + \frac{\lambda^2}{q^2}\right),}$$

wobei

$$\lambda^2 = \frac{4\pi n_c e^2}{\varepsilon_0 k_B T}$$

ist. Das durch die Leitungselektronen abgeschirmte Coulomb-Potential des ionisierten Donators hat also die Form

$$\boxed{U(r) = -\frac{e^2}{\varepsilon_0 r} e^{-\lambda r}}$$

Die *Abschirmlänge* λ^{-1} gibt die Reichweite des Potentials an. Für Silizium ($\varepsilon_0 = 12$) ergibt sich bei einer Dichte der Leitungselektronen von $n_c = 10^{16}\,\mathrm{cm}^{-3}$ für $T = 100\,\mathrm{K}$ eine Abschirmlänge von $\lambda^{-1} = 2{,}4 \cdot 10^{-6}\,\mathrm{cm}$. Das in dem Donatorniveau bei der Störstelle lokalisierte

Elektron wird also von der Abschirmung durch die Leitungselektronen nicht beeinflußt (vgl. (6.10)).

Wir berechnen jetzt die Übergangsamplitude

$$\langle \boldsymbol{k}'\nu' |\, U(r)\, | \boldsymbol{k}\nu \rangle$$

für die Streuung an ionisierten Störstellen und approximieren dazu die Bloch-Funktionen durch ebene Wellen, so daß die Übergangsamplitude gleich der Fourier-Transformierten des abgeschirmten Coulomb-Potentials wird

$$\langle \boldsymbol{k}'\nu' |\, U(r)\, | \boldsymbol{k}\nu \rangle \approx -\frac{4\pi e^2}{\varepsilon_0 \Omega (q^2 + \lambda^2)}.$$

Dabei ist $\boldsymbol{q} = \boldsymbol{k}' - \boldsymbol{k}$. Die Übergangswahrscheinlichkeit ergibt sich dann mit der Goldenen Regel zu

$$W_{\boldsymbol{k}'\boldsymbol{k}} = \frac{2\pi}{\hbar} n_i \Omega \left(\frac{4\pi e^2}{\varepsilon_0 \Omega (q^2 + \lambda^2)} \right)^2 \delta(E_{\boldsymbol{k}} - E_{\boldsymbol{k}'}).$$

n_i ist dabei die Dichte der ionisierten Störstellen.

Die Streuung ist elastisch und für sphärische Bänder isotrop, so daß hier die Voraussetzungen des Standardmodells erfüllt sind.

Aus (11.1) ergibt sich daher die Relaxationszeit für die Streuung von Elektronen sphärischer und parabolischer Bänder an ionisierten Störstellen

$$\tau(E) = \frac{\sqrt{2m^*}\, \varepsilon_0^2 E^{\frac{3}{2}}}{\pi e^4 n_i \Phi(\eta)}, \tag{12.1}$$

wobei

$$\Phi(\eta) = \ln(1 + \eta) - \frac{\eta}{1 + \eta}, \qquad \eta = \frac{8m^* E}{\hbar^2 \lambda^2}$$

ist. Das ist die *Brooks-Herring-Formel.*

$\Phi(\eta)$ ist eine monoton wachsende Funktion $\left(\Phi \to \frac{1}{2}\eta^2\right.$ für $\eta \to 0$ und $\Phi \to \ln \eta$ für $\eta \to \infty$; Wendepunkt bei $\eta = 1\Big)$. Zur Berechnung der Beweglichkeit (11.17) zieht man $\Phi(\eta)$ an der Stelle $x = 3$, dem Maximum des übrigen Integranden, vor das Integral und erhält

$$\boxed{\mu = \frac{8\sqrt{2}\,\varepsilon_0^2 (k_B T)^{\frac{3}{2}}}{\pi^{\frac{3}{2}}\sqrt{m^*}\,|e|^3 n_i \Phi(\eta_0)}}, \qquad (12.2)$$

wobei

$$\eta_0 = \frac{8m^*\,3k_B T}{\hbar^2 \lambda^2}$$

ist. Für $n_c = 10^{16}\,\mathrm{cm}^{-3}$ und $m^* \approx m$ ist $\eta_0 \approx 0{,}15\,T^2$, so daß für $T \gtrsim 10\,\mathrm{K}$ $\Phi(\eta_0)$ nur schwach mit T anwächst und μ im wesentlichen $T^{\frac{3}{2}}$ proportional ist. Die Streuung an ionisierten Störstellen nimmt also mit abnehmender Temperatur zu, solange alle Donatoren ionisiert sind und daher die Temperaturabhängigkeit von n_i und n_c noch nicht berücksichtigt zu werden braucht. Das ist ein Ausdruck der Tatsache, daß mit abnehmender Elektronengeschwindigkeit die Einwirkungszeit des Streuers auf das Elektron zunimmt. Bei sehr tiefen Temperaturen nimmt die Dichte n_i der ionisierten Störstellen ab und damit auch die Streuung. Dann sind jedoch die hier angewandten Näherungen nicht mehr erlaubt. Insbesondere versagt bei kleinen Elektronenenergien die Bornsche Näherung (die Goldene Regel), und auch die Abschirmung muß in anderer Weise behandelt werden. Wir gehen hier jedoch nicht darauf ein.

Sind die Energieflächen nicht sphärisch, so ist die Streuung anisotrop, und es existiert keine skalare Relaxationszeit. Häufig ist aber dann ein nur von der Energie abhängiger Relaxationszeittensor eine gute Approximation.

12.2. Deformationspotentialstreuung

Wir untersuchen jetzt den Fall, daß die Leitfähigkeit durch die Deformationspotentialstreuung begrenzt wird. Wir beschränken uns daher auf nicht-polare Halbleiter wie Silizium und Germanium im Bereich genügend hoher Temperaturen, so daß die Streuung an ionisierten Störstellen vernachlässigt werden kann. Zunächst betrachten wir nur die *Innertalstreuung an akustischen Phononen* und machen hier eine Reihe zusätzlicher Approximationen:

Elastische Streuung, d. h., wir vernachlässigen $\hbar\omega_\alpha(\boldsymbol{w})$ im Argument der δ-Funktion in (9.10).

Isotrope, lineare Dispersion der longitudinalen akustischen Gitterschwingungen ($\alpha = 3$), d. h., wir setzen $\omega_3(\boldsymbol{w}) = c_l\,|\boldsymbol{w}|$ für alle $\boldsymbol{w}$, wobei c_l die longitudinale Schallgeschwindigkeit ist.

Vernachlässigung des 2. Terms in (9.20), so daß

$$\sum_{ij} w_i e_{j\alpha}(\hat{\boldsymbol{w}})\,\Xi_{ij} = \Xi\,|\boldsymbol{w}|$$

wird. Für ein sphärisches Tal bei $\boldsymbol{k} = 0$ gilt diese Beziehung übrigens in Strenge.

Approximation der Bose-Verteilung (10.9) für hohe Temperaturen durch

$$n\big(\omega_\alpha(\boldsymbol{w})\big) = \frac{k_B T}{\hbar\,\omega_\alpha(\boldsymbol{w})} \gg 1\,. \tag{12.3}$$

Mit diesen Approximationen erhält man für die Übergangswahrscheinlichkeit (9.10)

$$W_{\boldsymbol{k}'\boldsymbol{k}} = \frac{2\pi}{\hbar}\,\frac{\Xi^2 k_B T}{G^3 2 M c_l^2}\,\delta(E_{\boldsymbol{k}'} - E_{\boldsymbol{k}})\,.$$

Da sie nur von den Energien des Anfangs- und Endzustandes abhängt, ergibt sich aus (11.4) für die Relaxationszeit

$$\tau^{-1}(E) = \frac{2\pi}{\hbar} \frac{\Xi^2 k_B T}{G^3 2 M c_l^2} N(E).$$

Für eine M_0-Bandkante mit der isotropen effektiven Masse m^* folgt mit (2.12) also

$$\tau(E) = \frac{\hbar^4 \pi c_l^2 \varrho}{\Xi^2 \sqrt{2m^{*3}} k_B T \sqrt{E}}, \tag{12.4}$$

wobei $\varrho = \dfrac{2M}{\Omega_0}$ die Dichte ist. Die Beweglichkeit wird dann mit (11.17)

$$\boxed{\mu = \frac{2\,|e|\,\sqrt{2\pi}\hbar^4 \varrho c_l^2}{3\Xi^2 m^{*\frac{5}{2}}} (k_B T)^{-1,5}} \tag{12,5}$$

Sie nimmt also mit wachsender Temperatur ab. Dieses $T^{-1,5}$-Gesetz der Beweglichkeit ergibt sich auch unter realistischeren Voraussetzungen für die Innertalstreuung an akustischen Phononen.

Im Experiment zeigt sich für n-Germanium näherungsweise ein $T^{-1,6}$-Gesetz, was durch zusätzliche Innertalstreuung an optischen Phononen sowie Zwischentalstreuung erklärt wird. In n-Silizium bewirkt eine merkliche Zwischentalstreuung eine noch stärkere Temperaturabhängigkeit der Beweglichkeit (näherungsweise proportional $T^{-2,5}$). Ähnliche Abhängigkeiten ergeben sich experimentell für p-Germanium und p-Silizium und werden dort durch zusätzliche starke Streuung an optischen Phononen bzw. durch eine erhebliche nicht-parabolische Valenzbandstruktur erklärt. Außerdem ist der Einfluß der Streuung zwischen den Bändern der schweren und leichten Löcher zu berücksichtigen.

Mit abnehmender Temperatur muß man neben der Elektron-Phonon-Streuung auch die Streuung an ionisierten Störstellen berücksichtigen. Da beide Streumechanismen ein gegensätzliches Temperaturverhalten zeigen, durchläuft die Beweglichkeit als Funktion der Temperatur ein Maximum, das bei um so tieferen Temperaturen liegt, je kleiner die Störstellenkonzentration ist. Beschränkt man sich auf akustische Deformationspotential-Streuung, so ist nämlich mit

$$\mu_a = \frac{4\,|e|}{3m^*\sqrt{\pi}}\,\tau_a\sqrt{x}$$

$$\mu_i = \frac{8\,|e|}{m^*\sqrt{\pi}}\,\frac{\tau_i}{x^{\frac{3}{2}}}$$

(a und i beziehen sich auf Streuung an akustischen Phononen bzw. ionisierten Störstellen)

$$\tau = \left(\frac{1}{\tau_a} + \frac{1}{\tau_i}\right)^{-1} = \frac{3}{4}\,\frac{m^*\sqrt{\pi}}{|e|}\,\mu_a\,\frac{x^{\frac{3}{2}}}{\frac{6\mu_a}{\mu_i} + x^2}. \tag{12.6}$$

Daraus ergibt sich die Beweglichkeit (11.17) zu

$$\mu = \mu_a\left[1 - \eta^2\left\{\sin\eta\cdot\left(\frac{\pi}{2} - \mathrm{Si}\,\eta\right) - \cos\eta\cdot\mathrm{Ci}\,\eta\right\}\right], \tag{12.7}$$

wobei $\eta^2 = \frac{6\mu_a}{\mu_i}$ ist. Abb. 51 zeigt einen Vergleich dieser Beziehung mit dem Experiment. Die Beweglichkeit μ_a ist dabei wegen der oben behandelten Schwierigkeiten ihrer Bestimmung aus den Grundlagen aus experimentellen Daten abgeleitet worden. Man erkennt deutlich das Maximum in der Beweglichkeit.

Bei der *optischen Deformationspotentialstreuung* sind die Phonon-Energien zu groß, um elastische Streuung annehmen zu können. Approximiert man in dem Matrix-

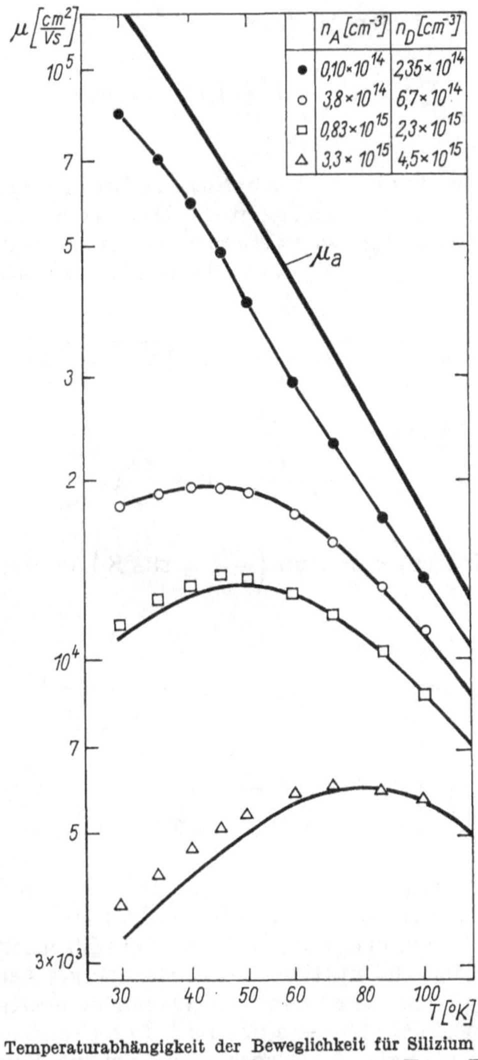

Abb. 51. Temperaturabhängigkeit der Beweglichkeit für Silizium mit unterschiedlicher Dichte n_i ionisierter Störstellen (ausgezogene Kurve, Experiment; Punkte nach (12.7) berechnet).

element (9.21) den Ausdruck

$$\frac{1}{\sqrt{2}} \sum_j e_{j\alpha}(\hat{\boldsymbol{w}}) \frac{1}{\Omega_0} \int\limits_{\Omega_0} \sum_{\boldsymbol{R}s} s \, V^s_{\boldsymbol{R}j}(\boldsymbol{r}) \, |u_{\boldsymbol{k}}(\boldsymbol{r})|^2 \, \mathrm{d}^3\boldsymbol{r} \tag{12.8}$$

durch eine Konstante, die *optische Deformationspotentialkonstante*, und vernachlässigt die Dispersion der Phononen $\left(\omega(\boldsymbol{w}) \approx \omega_0\right)$, so existiert wieder eine skalare Relaxationszeit $\tau(E)$, die nach (11.4) für eine M_0-Kante durch

$$\tau^{-1}(E) \sim n \sqrt{E + \hbar\omega_0} + (n+1) \sqrt{E - \hbar\omega_0}\, \Theta(E - \hbar\omega_0) \tag{12.9}$$

gegeben ist, wobei

$$n = \frac{1}{e^y - 1}; \quad y = \frac{\hbar\omega_0}{k_B T}.$$

Dann wird für Germanium $\left(\frac{\hbar\omega_0}{k_B} = 682°\mathrm{K}\right)$ die Beweglichkeit

$$\mu \sim \int\limits_0^\infty \frac{e^{-x} x^{\frac{3}{2}}}{\frac{\sqrt{x+y}}{e^y - 1} + \frac{\sqrt{x-y}\,\Theta(x-y)}{1 - e^{-y}}} \mathrm{d}x = \begin{cases} 2100 & \text{für } T = 80\,\mathrm{K} \\ 3{,}8 & \text{für } T = 300\,\mathrm{K}. \end{cases}$$

Vernachlässigt man die Emission, läßt also den 2. Term im Nenner fort, so liefert das Integral für 80 K denselben Wert, während man für 300 K den Wert 5,5 erhält, d. h., für 80 K ist die mittlere Elektronenenergie bereits so klein, daß eine Emission von Phononen unwesentlich wird. Bei Zimmertemperatur sind jedoch genügend Elektronen der Energie $\hbar\omega_0$ vorhanden, um die Beweglichkeit durch Emissionsprozesse merklich zu beeinflussen.

Zur Behandlung der *Zwischentalstreuung* an Phononen approximiert man gemäß (11.6) das Matrixelement durch eine Konstante, so daß eine Relaxationszeit existiert, die dieselbe Form hat wie bei der Streuung an optischen Phononen (12.9). ω_0 ist hier jedoch die Frequenz eines (akustischen oder optischen) Phonons, dessen $\boldsymbol{w}$-Vektor durch $\boldsymbol{k}_\varrho - \boldsymbol{k}_\sigma$ gegeben ist.

12.3. Polare Streuung

In polaren Halbleitern, deren Wigner-Seitz-Zellen also ein nichtverschwindendes Dipolmoment besitzen, treten nach (8.24) langreichweitige Coulomb-Felder auf. Die Streuung der Elektronen an den durch optische bzw. akustische Gitterschwingungen hervorgerufenen Veränderungen dieser Felder bezeichnet man als *polare* bzw. *piezoelektrische Streuung*. Bei gleichstarker Anregung beider Arten von Gitterschwingungen ist die polare Streuung wesentlich stärker als die piezoelektrische, da das Dipolmoment der Wigner-Seitz-Zelle sich bei optischen Schwingungen viel stärker ändert. Bei tiefen Temperaturen sind jedoch wegen ihrer geringen Energie vorwiegend akustische Phononen angeregt, so daß die piezoelektrische Streuung dort nicht mehr vernachlässigbar ist. Wir beschränken trotzdem unsere Betrachtungen hier auf die polare Streuung. Sie läßt sich wegen des Auftretens langreichweitiger Coulomb-Kräfte nicht mehr in Deformationspotential-Näherung beschreiben.

Besonders stark ist das longitudinale elektrische Feld, das also von longitudinalen optischen Schwingungen erzeugt wird. Es ergibt sich aus (8.25) und (8.23) zu

$$E_{\parallel}(\boldsymbol{w}) = -\frac{4\pi e^* G^{\frac{3}{2}}}{\varepsilon_0 \sqrt{M}}\, q_\alpha(\boldsymbol{w}), \quad \alpha = 4\,(\mathrm{LO}),$$

so daß das Wechselwirkungspotential

$$H_{EP} = -\frac{1}{\Omega}\sum_{\boldsymbol{w}} e^{i\boldsymbol{w}\boldsymbol{r}} \frac{eE_{\|}(\boldsymbol{w})}{i\,|\boldsymbol{w}|}$$
$$= -\sum_{\boldsymbol{w}} \frac{4\pi i e e^*}{|\boldsymbol{w}|\,\varepsilon_0 \Omega} \sqrt{\frac{\hbar G^3}{2\overline{M}\,\omega_l}}\, e^{i\boldsymbol{w}\boldsymbol{r}} (b_{\boldsymbol{w}4} + b^+_{-\boldsymbol{w}4})$$

wird und mit (9.8)

$$A_{\boldsymbol{w}4} = -\frac{4\pi i e e^*}{|\boldsymbol{w}|\,\varepsilon_0 \Omega_0} \sqrt{\frac{\hbar}{2M\,G^3 \omega_l}}.$$

Das Matrixelement (9.13) für Normalprozesse (kleine $|\boldsymbol{w}|$) wird also

$$C_{04}(\boldsymbol{k}', \boldsymbol{k}) = -i\,\frac{4\pi e^* e}{\Omega_0} \sqrt{\frac{\hbar}{2\overline{M}\,G^3 \omega_l}}\, \frac{1}{|\boldsymbol{w}|}. \qquad (12.10)$$

Es zeigt eine charakteristische $\frac{1}{|\boldsymbol{w}|}$-Abhängigkeit, welche eine direkte Konsequenz des für die polare Streuung verantwortlichen Coulomb-Potentials ist.

Da die polare Streuung außer für hohe Temperaturen nicht als elastische Streuung betrachtet werden darf, läßt sie sich nicht durch eine skalare Relaxationszeit beschreiben. In diesem Fall ist es zweckmäßig, das Kohlersche Variationsprinzip zu verwenden.

In der einfachsten Näherung wählt man in Anlehnung an (10.19) als Vergleichsfunktion

$$\chi_0 = k_x,$$

wenn man das elektrische Feld in x-Richtung legt, und berechnet

$$\alpha_0 = \frac{1}{\Omega}\sum_{\boldsymbol{k}} e\boldsymbol{E}\boldsymbol{v}\,\frac{\partial f_0}{\partial E}\,k_x$$

und

$$d_{00} = \frac{1}{\Omega k_B T}\sum_{\boldsymbol{k}\boldsymbol{k}'} P_{\boldsymbol{k}\boldsymbol{k}'}\; k_x (k_x' - k_x)$$
$$= -\frac{1}{2\Omega k_B T}\sum_{\boldsymbol{k}\boldsymbol{k}'} P_{\boldsymbol{k}\boldsymbol{k}'}\; (k_x' - k_x)^2.$$

Setzt man eine sphärische Bandstruktur

$$E_{\boldsymbol{k}} = \frac{\hbar^2 k^2}{2m^*}$$

voraus, so erhält man

$$\alpha_0 = -\frac{e}{8\pi^3}\frac{4\pi}{3}|\boldsymbol{E}|\frac{\hbar}{m^* k_B T}\int \mathrm{d}k\, k^4 f_0(E_{\boldsymbol{k}})$$

$$= -\frac{e\,|\boldsymbol{E}|}{\hbar^4}\left(\frac{m^* k_B T}{2\pi}\right)^{\frac{3}{2}} e^{\frac{\zeta}{k_B T}}$$

und mit dem Matrixelement (12.10) (siehe Appendix 4)

$$d_{00} = -\frac{8e^2 e^{*2} m^{*3} k_B T}{3\,\Omega_0 \pi \overline{M}\,\omega_l \hbar^6}\, n(s)\,\frac{1}{2}\, s e^{\frac{s}{2}}\, K_1\left(\frac{s}{2}\right),$$

wobei $s = \dfrac{\hbar\omega_l}{k_B T}$ und $K_1(z)$ die modifizierte Bessel-Funktion[1]) ist.

Dann wird also die Leitfähigkeit (11.27)

$$\boxed{\sigma_0 = -\frac{3(k_B T)^2 \Omega_0 \overline{M}\,\omega_l}{16\hbar^2\pi^2 e^{*2}}\,\frac{e^{\frac{\zeta}{k_B T}}}{n(s)\, s e^{\frac{s}{2}}\, K_1\left(\frac{s}{2}\right)}.} \tag{12.11}$$

Da die Elektronendichte (7.4)

$$n_c = \frac{1}{4\pi^3}\left(\frac{2m^*\pi k_B T}{\hbar^2}\right)^{\frac{3}{2}} \cdot e^{\frac{\zeta}{k_B T}}$$

---

[1]) M. Abramowitz, I. A. Stegun, Handbook of Mathematical Functions, Dover Publications, New York.

ist, so wird die Beweglichkeit $\mu \sim \frac{\sqrt{k_B T}}{n(s) s e^{\frac{s}{2}} K_1\left(\frac{s}{2}\right)}$. Diese Funktion nimmt mit wachsender Temperatur ab, wie man es für eine durch Elektron-Phonon-Wechselwirkung bestimmte Beweglichkeit erwartet. Für InSb zeigte sich, daß die polare Streuung bis etwa 500 K über andere Streumechanismen dominiert. Bei höheren Temperaturen ist die Elektron-Loch-Streuung zu berücksichtigen. Außerdem spielt dann die Abschirmung der effektiven Ionenladungen eine immer größere Rolle. Die Deformationspotential-Wechselwirkung ist im allgemeinen vernachlässigbar, da die Kopplungskonstanten für die polare Streuung viel größer sind als für akustische Deformationspotentialstreuung. Insbesondere verstärkt die m^*-Abhängigkeit der polaren $\left(\sim m^{*^{-\frac{3}{2}}}\right)$ gegenüber der Deformationspotentialstreuung $\left(\sim m^{*^{-\frac{5}{2}}}\right)$ bei den kleinen Leitungsbandmassen von III—V-Verbindungen wie InSb und GaAs die polare Streuung (Abb. 52). Das trifft jedoch z. B. für die höheren Leitungsbandminima in GaAs nicht mehr zu, da dort die effektiven Massen wesentlich größer sind.

Für genügend hohe Temperaturen kann man die polare Streuung als elastisch ansehen, und es liegt somit für sphärische Energieflächen das Standardmodell vor, so daß man leicht gemäß (11.1) eine Relaxationszeit berechnen kann.

Mit (12.3) wird nämlich

$$\tau(E) = \frac{\Omega_0 (\hbar \omega_l)^2 \overline{M} \sqrt{E}}{4\pi \sqrt{2 m^* k_B T}\, e^{*2} e^2} \tag{12.12}$$

und

$$\mu = \frac{2 \Omega_0 (\hbar \omega_l)^2 \overline{M}}{3 \sqrt{2\pi} m^{*\frac{3}{2}} \pi \sqrt{k_B T}\, e^{*2} |e|}.$$

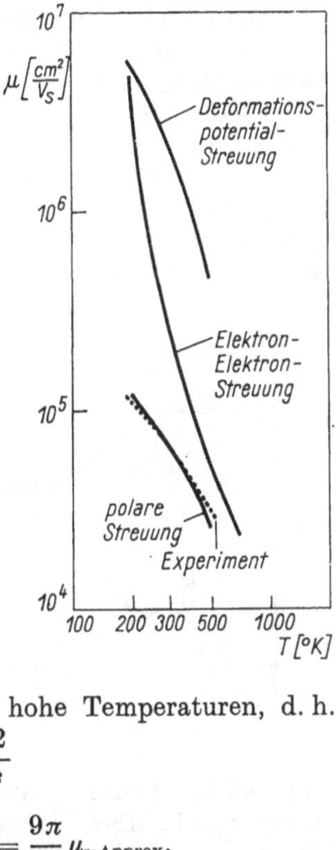

Abb. 52. Temperaturabhängigkeit der Beweglichkeit von InSb

Aus (12.11) erhält man für hohe Temperaturen, d. h. kleine s, wegen $K_1\left(\frac{s}{2}\right) \underset{s\to 0}{\to} \frac{2}{s}$

$$\mu_{\text{Kohler}} = \frac{\sigma_0}{|e|\, n_c} = \frac{9\pi}{32}\, \mu_{\tau\text{-Approx}},$$

also einen Ausdruck, der nach (11.28) natürlich kleiner ist als die sich aus der Relaxationszeitnäherung ergebende und für große T exakte Beziehung.

12.4. Drude-Formel. Leitfähigkeit bei niedrigen Frequenzen

Die Wechselstromleitfähigkeit bei niedrigen Frequenzen hängt ebenso wie die Gleichstromleitfähigkeit aber im Gegensatz zu den optischen Eigenschaften bei höheren

Frequenzen stark von den Streumechanismen der Elektronen ab, die in der Ehrenreich-Cohen-Formel völlig vernachlässigt wurden. Bei kleinen Frequenzen können die Elektronen nämlich nur Intrabandübergänge durchführen, die wegen der $\boldsymbol{k}$-Auswahlregel nur unter Beteiligung eines weiteren Stoßpartners, z. B. eines Phonons, vor sich gehen können. Derartige Übergänge beobachtet man bei höheren Frequenzen auch als Interbandübergänge in indirekten Halbleitern (Abb. 53).

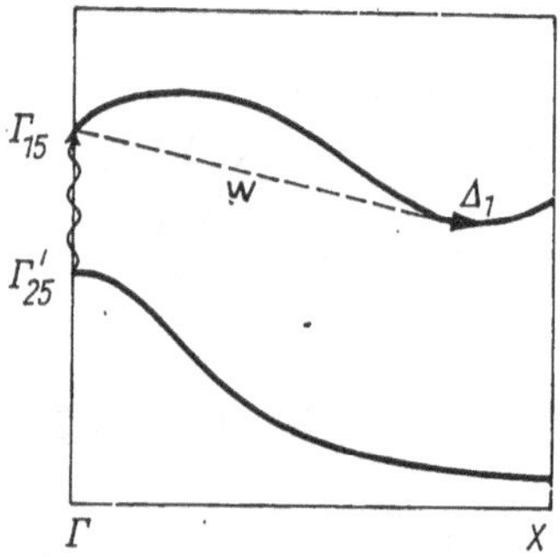

Abb. 53. Indirekter Übergang $\Gamma'_{25}-\Delta_1$ in Silizium unter Absorption eines Phonons w über den Zwischenzustand Γ_{15}.

Sie setzen bereits unmittelbar oberhalb der Bandlücke E_g ein. Ihre Übergangswahrscheinlichkeiten sind jedoch klein gegen die der direkten Übergänge, so daß man sie für $\hbar\omega \geqq E_d$ vernachlässigen kann.

Die *Intraband*-Übergänge wollen wir hier durch eine von der Energie unabhängige Relaxationszeit mit Hilfe der zeitabhängigen Boltzmann-Gleichung

$$\frac{\partial f(\boldsymbol{k}, t)}{\partial t} + \frac{e}{\hbar} \boldsymbol{E}(t)\, \nabla_{\boldsymbol{k}} f_0(E_{\boldsymbol{k}\nu}) = -\frac{f(\boldsymbol{k}, t) - f_0}{\tau}$$

$$= -\frac{f_1(\boldsymbol{k}, t)}{\tau}$$

beschreiben. Für die zeitliche Fourier-Transformierte erhält man dann sofort die Lösung

$$f_1(\boldsymbol{k}, \omega) = -\frac{i}{\hbar} \frac{e\boldsymbol{E}(\omega)\, \nabla_{\boldsymbol{k}} f_0(E_{\boldsymbol{k}\nu})}{\omega + \dfrac{i}{\tau}}$$

und mit (10.11) die longitudinale Leitfähigkeit

$$\sigma(\omega) = -i \frac{e^2}{\omega + \dfrac{i}{\tau}} \frac{1}{\hbar^2 \Omega} \sum_{\boldsymbol{k}\nu} \left(\hat{\boldsymbol{q}}, \nabla_{\boldsymbol{k}} f_0(E_{\boldsymbol{k}\nu})\right) (\hat{\boldsymbol{q}}, \nabla_{\boldsymbol{k}} E_{\boldsymbol{k}\nu}).$$

Durch partielle Integration folgt mit (5.23)

$$\sigma(\omega) = i \frac{\omega_p^{*2}}{4\pi \left(\omega + \dfrac{i}{\tau}\right)}$$

und mit (5.18) schließlich die Drude-Formel

$$\boxed{\varepsilon^D(\omega) = 1 - \frac{\omega_p^{*2}}{\omega \left(\omega + \dfrac{i}{\tau}\right)}}, \qquad (12.13)$$

Der Vergleich mit (5.26) zeigt, daß die Drude-Formel als eine „Aufweitung" des Intrabandanteils aufgefaßt werden kann, bei der die Singularität des Imaginärteils $\varepsilon_2(\omega)$ bei $\omega = 0$ über einen Bereich in der Nähe von $\omega \geqq 0$ „verschmiert" wird.

Infolge der hier benutzten Näherungen enthält die Drude-Formel keine Beiträge von Interband-Übergängen. Die gesamte elektronische dielektrische Funktion folgt aus (12.13) durch Addition des Interbandanteils.

Für $\hbar\omega \ll E_d$ kann man im Interbandanteil von $\varepsilon(\omega)$ (5.26) $\hbar\omega$ vernachlässigen, und erhält, wenn man den

Intrabandanteil durch den entsprechenden Drude-Term ersetzt[1]),

$$\varepsilon_1(\omega) = 1 - \frac{\omega_p{}^{*2}}{\omega^2 + \frac{1}{\tau^2}} + \frac{(\hbar\,\omega_p)^2}{\bar{E}_g{}^2} \tag{12.14}$$

$$\varepsilon_2(\omega) = \frac{\omega_p{}^{*2}}{\omega^2 + \frac{1}{\tau^2}}\,\frac{1}{\omega\,\tau}.$$

Dabei ist (vgl. (5.33))

$$\omega_p{}^2 = \frac{4\pi n_v e^2}{m}$$

das Quadrat der *Plasmafrequenz der Valenzelektronen* und

$$\bar{E}_g = \left(\frac{\sum\limits_{\boldsymbol{k}} \sum\limits_{\nu=\nu_0+1}^{v_0} \sum\limits_{\nu'=c_0}^{\infty} \frac{f_{\boldsymbol{k}\nu'\nu}}{(E_{\boldsymbol{k}\nu'} - E_{\boldsymbol{k}\nu})^2}}{\sum\limits_{\boldsymbol{k}} \sum\limits_{\nu=\nu_0+1}^{v_0} \sum\limits_{\nu'=c_0}^{\infty} f_{\boldsymbol{k}\nu'\nu}} \right)^{-\frac{1}{2}}$$

eine entsprechend den Oszillatorstärken gewichtete *mittlere Bandlücke.* Für Halbleiter ist $\tau \approx 10^{-12}$ s, so daß in dem hier untersuchten optischen Frequenzbereich $\omega^2\tau^2 \gg 1$ gilt und somit

$$\boxed{\begin{aligned} \varepsilon_1(\omega) &= 1 - \frac{\omega_p{}^{*2}}{\omega^2} + \frac{(\hbar\,\omega_p)^2}{\bar{E}_g{}^2} \\ \varepsilon_2(\omega) &= \frac{\omega_p{}^{*2}}{\omega^3\tau}. \end{aligned} \quad \text{für} \quad \frac{1}{\tau^2} \ll \omega^2 \ll \frac{E_d{}^2}{\hbar^2}} \begin{matrix} (12.15) \\ \\ (12.16) \end{matrix}$$

[1]) Vernachlässigt man die Oszillatorstärken zwischen Rumpf- und Valenzbändern $\nu_0 < \nu \leqq v_0$, so ist mit dem f-Summensatz

$$\sum_{\boldsymbol{k}} \sum_{\nu=1}^{v_0} \sum_{\nu'=c_0}^{\infty} \frac{f_{\boldsymbol{k}\nu'\nu}}{(E_{\boldsymbol{k}\nu'} - E_{\boldsymbol{k}\nu})^2} \approx \sum_{\boldsymbol{k}} \sum_{\nu=\nu_0+1}^{v_0} \sum_{\nu'=c_0}^{\infty} \frac{f_{\boldsymbol{k}\nu'\nu}}{\bar{E}_g{}^2}$$

$$\approx \sum_{\nu=\nu_0+1}^{v_0} \frac{1}{\bar{E}_g{}^2} \sum_{\boldsymbol{k}} \sum_{\nu'=1}^{\infty} f_{\boldsymbol{k}\nu'\nu} = \frac{n_v\Omega}{\bar{E}_g{}^2}.$$

Für sphärische parabolische Leitungsbänder ist die effektive Masse m_c^* konstant und skalar. Aus (5.23) folgt dann

$$\omega_p^{*2} = \frac{4\pi e^2}{m_c^* \Omega} \sum_k f_0(E_{kc}) = \frac{4\pi n_c e^2}{m_c^*}$$

für einen n-Halbleiter. Vollständig besetzte Bänder tragen nähmlich zu ω_p^* ebensowenig bei wie vollständig unbesetzte, da man durch partielle Integration von (5.23) zeigt, daß ω_p^* allein durch die Dichte der freien Ladungsträger (hier also der Leitungselektronen) bestimmt ist. Für tiefe Temperaturen verschwindet ω_p^* und damit auch der Intrabandanteil der dielektrischen Funktion.

Für geringe Dichten n_c der Leitungselektronen liegt die Plasmafrequenz ω_p^* im allgemeinen unterhalb des optischen Frequenzbereichs, und der Term $\frac{\omega_p^{*2}}{\omega^2}$ in $\varepsilon_1(\omega)$ ist vernachlässigbar. Dann ist

$$\varepsilon_s = 1 + \frac{(\hbar \omega_p)^2}{\bar{E}_g^2}$$

die statische Dielektrizitätskonstante, falls der Beitrag der Gitterschwingungen zur Polarisation ebenfalls vernachlässigbar ist (s. Abschnitt 8.4.).

Für genügend großes ω_p^* wird der Drude-Anteil beobachtbar. Für die damit verbundene *Absorption freier Ladungsträger* sollte der Imaginärteil der dielektrischen Funktion nach (12.16) proportional ω^{-3} sein. Experimentell verläuft er meist steiler (Abb. 54), was auf die stark energieabhängige Streuung an ionisierten Störstellen zurückgeführt wird, die sich natürlich nicht durch eine konstante Relaxationszeit beschreiben läßt.

Die dielektrische Suszeptibilität $\varepsilon_1(\omega) - \varepsilon_s$ wird hingegen übereinstimmend mit (12.14) proportional ω^{-2} gefunden. (Fig 54). Die freien Ladungsträger liefern in diesem Fall einen merklichen Beitrag zur Dielektrizitätskonstante.

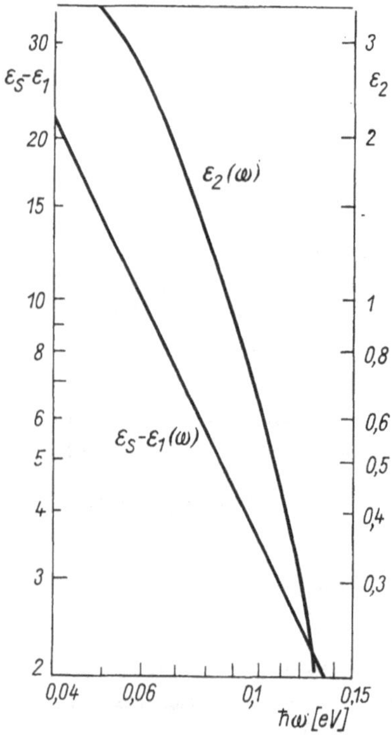

Abb. 54. Real- und Imaginärteil der dielektrischen Funktion von n-Germanium im Bereich der Absorption freier Ladungsträger ($n_c = 3{,}9 \cdot 10^{18}\,\mathrm{cm}^{-3}$)

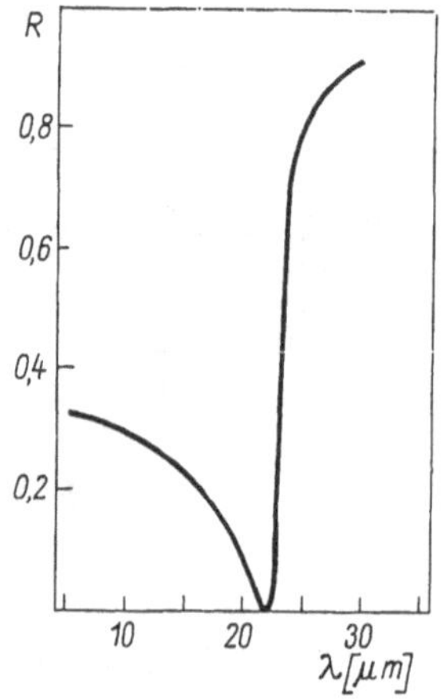

Abb. 55. Reflexionsvermögen von n-InSb ($n_c = 1{,}2 \cdot 10^{18}\,\mathrm{cm}^{-3}$)

Ist $\omega_p{}^{*2}$ so groß, daß $\omega_p{}^{*2}/\varepsilon_s$ in den Gültigkeitsbereich von (12.15) fällt, so wechselt für

$$\omega = \frac{\omega_p{}^*}{\sqrt{\varepsilon_s}}$$

der Realteil $\varepsilon_1(\omega)$ sein Vorzeichen, und das Reflexionsvermögen steigt mit abnehmender Frequenz steil an, und zwar um so steiler, je kleiner $\varepsilon_2(\omega)$ ist (Abb. 55).

13. Galvanomagnetische Effekte

13.1. Lösung der Boltzmann-Gleichung

Im folgenden untersuchen wir das elektrische Transportverhalten eines Halbleiters in einem zusätzlich eingeschalteten Magnetfeld. Gemäß der Boltzmann-Gleichung (10.15) wird dadurch die Verteilungsfunktion der Elektronen und damit auch die elektrische Stromdichte vom Magnetfeld abhängig. Von den dadurch beschriebenen galvanomagnetischen Effekten wollen wir hier die beiden wichtigsten, den Hall-Effekt und den Magnetowiderstand, untersuchen.

Zur Lösung der Boltzmann-Gleichung mit Magnetfeld (10.15) versuchen wir den Ansatz

$$\Phi(\boldsymbol{k}) = e\boldsymbol{E}'(E_{\boldsymbol{k}})\, \tau(E_{\boldsymbol{k}})\, \boldsymbol{v}_{\boldsymbol{k}}, \tag{13.1}$$

wobei $\boldsymbol{E}'(E_{\boldsymbol{k}})$ eine sogleich zu bestimmende Funktion von $E_{\boldsymbol{k}}$ ist. Der Relaxationszeittensor $\tau(E_{\boldsymbol{k}})$ sei durch (10.18) festgelegt und möge ebenfalls nur von der Energie abhängen. Dann wird der Magnetfeldterm

$$\frac{e}{\hbar c}(\boldsymbol{v}_k \times \boldsymbol{B})\, \nabla_{\boldsymbol{k}} \Phi(\boldsymbol{k}) = e\big(\boldsymbol{B} \times (\mathsf{T}\boldsymbol{E}')\big)\, \boldsymbol{v}_{\boldsymbol{k}},$$

wobei

$$\mathsf{T} = \frac{e}{m}\, \mathsf{m}^{*-1} \tau$$

sich aus dem Effektivmassentensor und dem Relaxationszeittensor zusammensetzt und als symmetrisch angenommen wird. Die Boltzmann-Gleichung wird somit

$$\boldsymbol{E}\boldsymbol{v}_k - \big(\boldsymbol{B} \times (\mathsf{T}\boldsymbol{E}')\big)\, \boldsymbol{v}_{\boldsymbol{k}} = \sum_{\boldsymbol{k}'} W_{\boldsymbol{k}\boldsymbol{k}'} \frac{f_0(E_{\boldsymbol{k}'})}{f_0(E_{\boldsymbol{k}})}$$
$$\times\, [\boldsymbol{E}'(E_{\boldsymbol{k}'})\, \tau\,(E_{\boldsymbol{k}'})\, \boldsymbol{v}_{\boldsymbol{k}'} - \boldsymbol{E}'(E_{\boldsymbol{k}})\, \tau\,(E_{\boldsymbol{k}})\, \boldsymbol{v}_{\boldsymbol{k}}].$$

Ist die Streuung elastisch oder gilt (11.3), so kann man die rechte Seite mittels (10.18) umformen und erhält als eine Gleichung für $\boldsymbol{E}'$

$$(1 + \boldsymbol{B} \times \mathsf{T})\, \boldsymbol{E}' = \boldsymbol{E}, \tag{13.2}$$

die ein nur von der Energie abhängiges $\boldsymbol{E}'(E_{\boldsymbol{k}})$ zu bestimmen gestattet, wenn T nur von der Energie abhängt. Das ist aber wenigstens dann der Fall, wenn man für m^* den Effektivmassentensor an der Bandkante einsetzen kann.

Gleichung (13.2) läßt sich dann formal lösen und ergibt mit (13.1) die Stromdichte (s. S. 152)

$$\boldsymbol{j} = \frac{2ec}{3} n_c \langle x\, \mathsf{T}\, [1 + \boldsymbol{B} \times \mathsf{T}]^{-1} \rangle\, \boldsymbol{E},$$

wobei $x = \dfrac{E}{k_B T}$.

Mit den Operatoridentitäten (siehe Appendix 5)

$$(1 + \boldsymbol{B} \times \mathsf{T})^{-1} = \frac{1 - \boldsymbol{B} \times \mathsf{T} + \Delta\, (\mathsf{T}^{-1}\boldsymbol{B})\, \boldsymbol{B}}{1 + \Delta\, (\boldsymbol{B}, \mathsf{T}^{-1}\boldsymbol{B})},$$

($\Delta = \det \mathsf{T}$) und

$$\mathsf{T}(\boldsymbol{B} \times \mathsf{T}) = \Delta\, (\mathsf{T}^{-1}\boldsymbol{B}) \times \tag{13.3}$$

wird schließlich

$$\boxed{\boldsymbol{j} = \frac{2}{3} ec n_c \left\langle x \frac{\mathsf{T}\boldsymbol{E} - \Delta\, (\mathsf{T}^{-1}\boldsymbol{B}) \times \boldsymbol{E} + \Delta \boldsymbol{B}(\boldsymbol{B}\boldsymbol{E})}{1 + \Delta\, (\boldsymbol{B}, \mathsf{T}^{-1}\boldsymbol{B})} \right\rangle.} \tag{13.4}$$

Offenbar vermittelt bei nicht verschwindendem Magnetfeld selbst für kubische Kristalle ein Leitfähigkeits*tensor* $\sigma(\boldsymbol{B})$ zwischen Stromdichte und elektrischem Feld.

Entwickelt man diesen Ausdruck nach $\boldsymbol{B}$, so erhält man die *Jones-Zener-Lösung*:

$$\boxed{\begin{aligned} \boldsymbol{j} = \frac{2}{3} e c n_c \, [\langle x \mathsf{T} \rangle \boldsymbol{E} - \langle x \Delta \mathsf{T}^{-1} \boldsymbol{B} \rangle \times \boldsymbol{E} + \langle x \Delta \rangle \boldsymbol{B}(\boldsymbol{B}\boldsymbol{E}) \\ - \langle x \Delta (\boldsymbol{B}, \mathsf{T}^{-1} \boldsymbol{B}) \mathsf{T} \rangle \boldsymbol{E}] + 0\,(B^3). \end{aligned}} \tag{13.5}$$

Der in $\boldsymbol{B}$ lineare Term liefert einen Strom senkrecht zum elektrischen Feld, den *Hall-Effekt*; die beiden quadratischen Terme ergeben den *Magnetowiderstand* für kleine Magnetfelder.

Für einen Mehrtalhalbleiter hängt T vom Talindex ϱ ab. Zur Berechnung des Gesamtstromes summieren wir über alle z Täler. Da Δ von ϱ unabhängig ist,

$$\Delta = \left(\frac{e}{c}\right)^3 \frac{\tau_1 \tau_2 \tau_3}{m_1^* m_2^* m_3^*},$$

und für kubische Kristalle

$$\sum_{\varrho=1}^{z} \mathsf{T}_\varrho = \frac{z}{3} \operatorname{Sp} \mathsf{T}_1 \cdot 1 \qquad \sum_{\varrho=1}^{z} \mathsf{T}_\varrho^{-1} = \frac{z}{3} \operatorname{Sp} \mathsf{T}_1^{-1} \cdot 1$$

gilt, so erhält man aus (13.5)

$$\begin{aligned} \boldsymbol{j} = \frac{2}{3} e c n_c \frac{1}{3} [\langle x \operatorname{Sp} \mathsf{T} \rangle \boldsymbol{E} - \langle x \Delta \operatorname{Sp} \mathsf{T}^{-1} \rangle \boldsymbol{B} \times \boldsymbol{E} \\ + 3 \langle x \Delta \rangle \boldsymbol{B}(\boldsymbol{B}\boldsymbol{E})] - \frac{2}{3} e c \sum_\varrho n_\varrho \langle x \Delta (\boldsymbol{B}, \mathsf{T}_\varrho^{-1} \boldsymbol{B}) \mathsf{T}_\varrho \rangle \boldsymbol{E}. \end{aligned} \tag{13.6}$$

$n_c = \sum_\varrho n_\varrho = z \cdot n_\varrho$ ist die Dichte der Leitungselektronen. Der letzte Term läßt sich für Magnetfeldrichtung $\langle 111 \rangle$ in Silizium bzw. $\langle 100 \rangle$ in Germanium noch vereinfachen, dann ist nämlich $(\boldsymbol{B}, \mathsf{T}_\varrho^{-1} \boldsymbol{B})$ von ϱ unabhängig.

13.2. Hall-Effekt

Zur Untersuchung des Hall-Effekts wählt man eine experimentelle Anordnung, bei der Strom und magnetisches Feld aufeinander senkrecht stehen. Falls man sich auf schwache Magnetfelder beschränkt, so braucht man in (13.5) nur die in $\boldsymbol{B}$ linearen Terme zu berücksichtigen und erhält $\boldsymbol{E}\boldsymbol{B} = 0$.

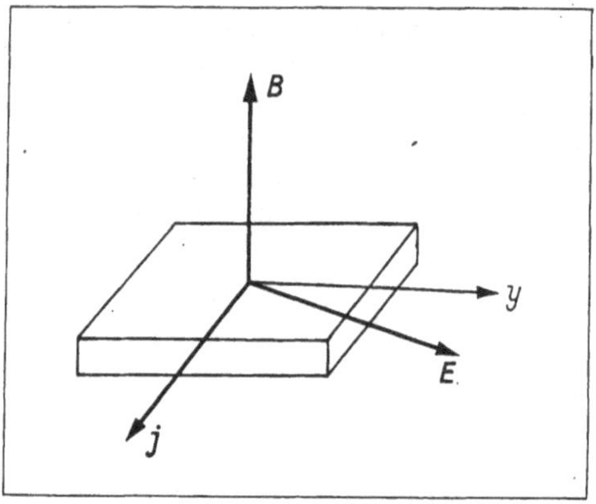

Abb. 56. Orientierung des Hall-Feldes in der Ebene senkrecht zum Magnetfeld

Wir setzen unter diesen Voraussetzungen (Abb. 56)

$$\boldsymbol{j} = (j, 0, 0); \quad \boldsymbol{B} = (0, 0, B); \quad \boldsymbol{E} = (E_x, E_y, 0). \tag{13.7}$$

E_y ist das *Hall-Feld.*

$\boldsymbol{j}$ hat dann die Form

$$\boldsymbol{j} = \sigma_0 \boldsymbol{E} - \beta_H \boldsymbol{B} \times \boldsymbol{E}, \tag{13.8}$$

wobei

$$\beta_H = \frac{2}{9} e c n_c \langle x \Delta \operatorname{Sp} \mathsf{T}^{-1} \rangle \tag{13.9}$$

ist. Für skalares $\mathsf{T} = \frac{e\tau}{cm^*} \cdot 1$ wird

$$\beta_H = \frac{2}{3} \frac{e^3 n_c}{cm^{*2}} \langle x \tau^2 \rangle .$$

Wegen $\beta_H \sim e^3$ ist β_H negativ für Elektronen und positiv für Löcher. Das Hall-Feld hat also für Elektronen und Löcher verschiedenes Vorzeichen.

Schreibt man (13.8) in Komponenten, so ist

$$0 = \sigma_0 E_y - \beta_H B E_x$$
$$j = \sigma_0 E_y + \beta_H B E_x \approx \frac{\sigma_0^2}{\beta_H} \frac{E_y}{B} .$$

Der *Hall-Koeffizient* $R = E_y / jB$ wird also für kleine Magnetfelder

$$R = \frac{\beta_H}{\sigma_0^2} .$$

Definiert man die *Hall-Beweglichkeit*

$$\mu_H = c \, |R| \, \sigma_0 = c \, \frac{|\beta_H|}{\sigma_0} \tag{13.10}$$

und den *Hall-Faktor* als Quotienten von μ_H und der Beweglichkeit

$$r = \frac{\mu_H}{\mu} , \tag{13.11}$$

so wird

$$R = \frac{1}{en_c c} \frac{\mu_H}{\mu} = \frac{r}{en_c c} . \tag{13.12}$$

Der Hall-Faktor r hängt vom Streumechanismus ab. Man erhält für skalares T

$$r = \frac{3}{2} \frac{\langle x \, \tau^2 \rangle}{\langle x \, \tau \rangle^2} .$$

Ist $\tau \sim x^{\nu}$, so wird

$$r = \frac{3}{4}\sqrt{\pi}\,\frac{\Gamma\left(2\nu + \frac{5}{2}\right)}{\left[\Gamma\left(\nu + \frac{5}{2}\right)\right]^2},$$

also $r = \frac{3\pi}{8}$ für akustische Deformationspotentialstreuung (12.4) und $r = \frac{315\pi}{512}$ für Streuung an ionisierten Störstellen (12.1). Man erkennt daraus, daß Hall-Beweglichkeit und Beweglichkeit von der gleichen Größenordnung sind.

Für den Hall-Koeffizienten von Löchern erhält man durch analoge Betrachtungen

$$R = \frac{r}{|e|\,p_v c} > 0\,.$$

Kann man die Hall-Faktoren für Elektronen und Löcher gleich setzen, so ist bei gemischter Leitung

$$R = \frac{r}{|e|\,c}\,\frac{n_c\mu_e^2 - p_v\mu_h^2}{(n_c\mu_e + p_v\mu_h)^2},$$

wobei μ_e und μ_h die Beweglichkeiten der Elektronen und Löcher sind.

Bei reiner n- bzw. p-Leitung, d. h. bei tiefen Temperaturen, erhält man die oben bereits abgeleiteten Hall-Koeffizienten für Elektronen bzw. Löcher zurück. Im Eigenleitungsgebiet ($n_c = p_v$) dagegen hängt das Vorzeichen des Hall-Koeffizienten davon ab, ob die Elektronen oder die Löcher eine größere Beweglichkeit haben. Für $n_c\mu_e = p_v\mu_h$ ergibt sich ein charakteristisches Verschwinden des Hall-Koeffizienten.

Für hohe Magnetfelder folgt bei skalarem T aus (13.4) ebenfalls $\boldsymbol{EB} = 0$, so daß

$$\boldsymbol{j} = -\beta_H \boldsymbol{B} \times \boldsymbol{E}$$

ist, wobei jetzt

$$\beta_H = \frac{e n_c c}{B^2}$$

gilt. Der Hall-Koeffizient für hohe Magnetfelder wird also

$$R = \frac{E_y}{jB} = \frac{1}{e n_c c},$$

unabhängig vom Streumechanismus. Dieses hier mit der Relaxationszeitnäherung abgeleitete Ergebnis gilt übrigens allgemein für beliebige Streuung und Bandstruktur.

13.3. Magnetowiderstand

Betrachtet man nur den vereinfachten Fall, daß T skalar ist, so ist mit der *Zyklotronfrequenz* $\omega_c = \frac{e}{m^* c} \boldsymbol{B}$ die elektrische Stromdichte (13.4)

$$\boldsymbol{j} = \frac{2e^2 n_c}{3m^*} \left\langle \frac{x}{1 + \omega_c^2 \tau^2} \big(\tau \boldsymbol{E} - \tau^2 \omega_c \times \boldsymbol{E} + \tau^3 \omega_c (\omega_c \boldsymbol{E})\big) \right\rangle. \tag{13.13}$$

Wir definieren jetzt den *Magnetowiderstand* durch

$$D = \frac{\varrho - \varrho_0}{\varrho_0} = \frac{\sigma_0 - \sigma}{\sigma},$$

wobei $\varrho = \sigma^{-1}$ und σ durch $\boldsymbol{jE} = \sigma E^2$ definiert ist. Man unterscheidet den *longitudinalen Magnetowiderstand* $D_\parallel$ und den *transversalen Magnetowiderstand* $D_\perp$, je nachdem, ob das Magnetfeld parallel oder senkrecht zum Strom orientiert ist.

Unter den oben gemachten Voraussetzungen verschwindet der longitudinale Magnetowiderstand, denn nach (13.13) sind dann $\boldsymbol{E}$ und ω_c parallel, und es wird

$$\boldsymbol{j} = \frac{2e^2 n_c}{3m^*} \left\langle \frac{x}{1+\omega_c^2\tau^2} (\tau \boldsymbol{E} + \tau^3 \omega_c^2 \boldsymbol{E}) \right\rangle = \frac{2e^2 n_c}{3m^*} \langle x\,\tau \rangle \boldsymbol{E}$$

unabhängig von B. Bei anisotroper Streuung jedoch kann man nicht von dem Tensorcharakter von τ absehen und der longitudinale Magnetowiderstand verschwindet nicht.

Beim transversalen Magnetowiderstand wählen wir dieselbe Anordnung wie beim Hall-Effekt (13.7). Definiert man jetzt

$$\langle \nu \rangle = \frac{2e^2 n_c}{3m^*} \left\langle \frac{x\,\tau^\nu}{1+\omega_c^2\tau^2} \right\rangle$$

und

$$(\nu) = \frac{2e^2 n_c}{3m^*} \langle x\,\tau^\nu \rangle,$$

so werden die y- und x-Komponente von (13.13)

$$0 = \langle 1 \rangle E_y - \langle 2 \rangle \omega_c E_x$$

$$j = \langle 1 \rangle E_x + \langle 2 \rangle \omega_c E_y = \left(\langle 1 \rangle + \frac{\langle 2 \rangle^2}{\langle 1 \rangle} \omega_c^2 \right) E_y,$$

also

$$D_\perp = -\frac{\langle 2 \rangle^2 \omega_c^2 + \langle 1 \rangle^2 - (1)\langle 1 \rangle}{\langle 1 \rangle^2 + \langle 2 \rangle^2 \omega_c^2}.$$

Diesen Ausdruck untersuchen wir für kleine und große $\omega_c \tau$.

Für $\omega_c \tau \ll 1$ ist $\langle \nu \rangle \approx (\nu) - (\nu + 2)\,\omega_c^2$, so daß

$$D_\perp = \frac{(1)\,(3) - (2)^2}{(1)^2} \omega_c^2.$$

Der transversale Magnetowiderstand ist demnach für schwache Magnetfelder proportional B^2.

Für $\omega_c\tau \gg 1$ ist $\langle\nu\rangle \approx (\nu - 2)\,\omega_c^{-2}$. Also wird

$$D_\perp = \frac{(1)\,(-1) - (0)^2}{(0)^2}.$$

Der transversale Magnetowiderstand strebt also in diesem Fall einen Sättigungswert zu.

Tatsächlich muß man jedoch mehrere, häufig anisotrope Bänder betrachten, und die einzelnen Beiträge zur Stromdichte summieren. Dadurch werden die Ausdrücke für $D_\perp$ natürlich komplizierter.

Appendix 1

Die Fourier-Transformierte $\Phi(\boldsymbol{q})$ einer in Ω periodischen Funktion $\Phi(\boldsymbol{r})$ ist

$$\Phi(\boldsymbol{q}) = \int_\Omega e^{-i\boldsymbol{q}\boldsymbol{r}}\,\Phi(\boldsymbol{r})\,\mathrm{d}^3\boldsymbol{r} \tag{A 1.1}$$

mit der Rücktransformation

$$\Phi(\boldsymbol{r}) = \frac{1}{\Omega}\sum_{\boldsymbol{q}} e^{i\boldsymbol{q}\boldsymbol{r}}\,\Phi(\boldsymbol{q}) \tag{A 1.1'}$$

Ist $\Phi(\boldsymbol{r}) = \Phi(\boldsymbol{r} + \boldsymbol{R})$ gitterperiodisch, so ist $\Phi(\boldsymbol{q}) = 0$ für $\boldsymbol{q} \neq \boldsymbol{K}$, also

$$\Phi(\boldsymbol{q}) = \sum_{\boldsymbol{K}} \delta_{\boldsymbol{q}\boldsymbol{K}}\,\Phi(\boldsymbol{K}). \tag{A 1.2}$$

Ein spezielles gitterperiodisches $\Phi(\boldsymbol{r})$ ist

$$\bar{\Phi}(\boldsymbol{r}) = \sum_{\boldsymbol{R}} \delta(\boldsymbol{r} - \boldsymbol{R}) \tag{A 1.3'}$$

mit der Fourier-Transformierten

$$\bar{\Phi}(\boldsymbol{q}) = \sum_{\boldsymbol{R}} e^{-i\boldsymbol{q}\boldsymbol{R}}. \tag{A 1.3}$$

Vergleich von (A 1.2) und (A 1.3) ergibt

$$G^{-3} \sum_{\boldsymbol{R}} e^{-i\boldsymbol{q}\boldsymbol{R}} = \sum_{\boldsymbol{K}} \delta_{\boldsymbol{q}\boldsymbol{K}}. \tag{A 1.4}$$

Vergleich von (A 1.1′) und (A 1.3′) ergibt mit (A 1.2) und (A 1.3) ($\Omega = G^3 \Omega_0$)

$$\sum_{\boldsymbol{R}} \delta(\boldsymbol{r} - \boldsymbol{R}) = \frac{1}{\Omega} \sum_{\boldsymbol{q}} e^{i\boldsymbol{q}\boldsymbol{r}} \sum_{\boldsymbol{K}} \delta_{\boldsymbol{q}\boldsymbol{K}}\, G^3 = \frac{1}{\Omega_0} \sum_{\boldsymbol{K}} e^{i\boldsymbol{K}\boldsymbol{r}}. \tag{A 1.5}$$

Aus der Orthogonalität der ebenen Wellen

$$\frac{1}{\Omega} \int_{\Omega} e^{-i\boldsymbol{q}\boldsymbol{r}} \mathrm{d}^3\boldsymbol{r} = \delta_{\boldsymbol{q}0}$$

folgt für $\boldsymbol{q} = \boldsymbol{K}$

$$\frac{1}{\Omega_0} \int_{\Omega_0} e^{-i\boldsymbol{K}\boldsymbol{r}}\, \mathrm{d}^3\boldsymbol{r} = \delta_{\boldsymbol{K}0}. \tag{A 1.6}$$

Aus der Vollständigkeit der ebenen Wellen

$$\frac{1}{\Omega} \sum_{\boldsymbol{q}} e^{i\boldsymbol{q}\boldsymbol{r}} = \delta(\boldsymbol{r})$$

folgt mit (A 1.5) und $\boldsymbol{q} = \boldsymbol{k} + \boldsymbol{K}$ ($\boldsymbol{k}$ reduziert)

$$\delta(\boldsymbol{r}) = \frac{1}{\Omega} \sum_{\boldsymbol{K}} e^{i\boldsymbol{K}\boldsymbol{r}} \sum_{\boldsymbol{k}} e^{i\boldsymbol{k}\boldsymbol{r}} = \frac{1}{G^3} \sum_{\boldsymbol{R}} \delta(\boldsymbol{r} - \boldsymbol{R}) \sum_{\boldsymbol{k}} e^{i\boldsymbol{k}\boldsymbol{r}},$$

so daß wegen der linearen Unabhängigkeit der Funktionen $\delta(\boldsymbol{r} - \boldsymbol{R})$

$$\sum_{\boldsymbol{k}} e^{i\boldsymbol{k}\boldsymbol{R}} = G^3 \delta_{\boldsymbol{R}0}. \tag{A 1.7}$$

Zusammenfassung

I. Für $\Phi(\boldsymbol{r}) = \Phi(\boldsymbol{r} + \boldsymbol{R})$ ist

$$\int_{\Omega} e^{-i\boldsymbol{q}\boldsymbol{r}} \Phi(\boldsymbol{r})\, d^3\boldsymbol{r} = \sum_{\boldsymbol{K}} \delta_{\boldsymbol{q}\boldsymbol{K}} \int_{\Omega} e^{-i\boldsymbol{K}\boldsymbol{r}} \Phi(\boldsymbol{r})\, d^3\boldsymbol{r} = G^3 \sum_{\boldsymbol{K}} \delta_{\boldsymbol{q}\boldsymbol{K}} \int_{\Omega_0} e^{-i\boldsymbol{K}\boldsymbol{r}} \Phi(\boldsymbol{r})\, d^3\boldsymbol{r}. \quad \text{(A 1.2)}$$

II. Vier Summen:

$$\sum_{\boldsymbol{R}} e^{-i\boldsymbol{q}\boldsymbol{R}} = G^3 \sum_{\boldsymbol{K}} \delta_{\boldsymbol{q}\boldsymbol{K}};$$

$$\sum_{\boldsymbol{K}} e^{i\boldsymbol{K}\boldsymbol{r}} = \Omega_0 \sum_{\boldsymbol{R}} \delta(\boldsymbol{r} - \boldsymbol{R});$$

$$\int_{\Omega_0} e^{-i\boldsymbol{K}\boldsymbol{r}}\, d^3\boldsymbol{r} = \Omega_0\, \delta_{\boldsymbol{K}0};$$

$$\sum_{\boldsymbol{k}} e^{i\boldsymbol{k}\boldsymbol{R}} = G^3 \delta_{\boldsymbol{R}0}.$$

($\boldsymbol{k} \in$ Brillouin-Zone)

Appendix 2

Zur Ableitung des Impulserwartungswertes und des f-Summensatzes benutzen wir die Identität

$$\nabla_{\boldsymbol{k}} = e^{i\boldsymbol{k}\boldsymbol{r}} \nabla_{\boldsymbol{k}} e^{-i\boldsymbol{k}\boldsymbol{r}} + i\boldsymbol{r} \underset{\text{def}}{=} i\,(-\tilde{\boldsymbol{r}} + \hat{\boldsymbol{r}}). \quad \text{(A 2.1)}$$

Aus der Normierung der Bloch-Faktoren folgt, daß $\tilde{\boldsymbol{r}}$ ein hermitescher Operator ist, und es gilt

$$\langle \boldsymbol{k}\nu |\, \tilde{\boldsymbol{r}}\, | \boldsymbol{k}\nu' \rangle \equiv \tilde{\boldsymbol{r}}_{\boldsymbol{k}\nu\nu'} = \frac{i}{\Omega} \int_{\Omega} u^*_{\boldsymbol{k}\nu}(\boldsymbol{r})\, \nabla_{\boldsymbol{k}}\, u_{\boldsymbol{k}\nu'}(\boldsymbol{r})\, d^3\boldsymbol{r}.$$

Dann wird

$$\begin{aligned}\nabla_k E_{k\nu} &= \nabla_k \langle \boldsymbol{k}\nu | H_0 | \boldsymbol{k}\nu\rangle = 2\,\mathrm{Re}\,\langle \boldsymbol{k}\nu | H_0 \nabla_k | \boldsymbol{k}\nu\rangle \\ &= 2\,\mathrm{Re}\, i\,\{-E_{k\nu}\,\tilde{\boldsymbol{r}}_{k\nu\nu'} + \langle \boldsymbol{k}\nu | H_0 \boldsymbol{r} | \boldsymbol{k}\nu\rangle\} \\ &= i\,\langle \boldsymbol{k}\nu | [H_0, \boldsymbol{r}] | \boldsymbol{k}\nu\rangle = \frac{\hbar}{m}\langle \boldsymbol{k}\nu | \boldsymbol{p} | \boldsymbol{k}\nu\rangle. \qquad (\mathrm{A}\,2.2)\end{aligned}$$

Analog erhält man $\left(\nabla_i = \dfrac{\partial}{\partial k_i}\right)$

$$\begin{aligned}\nabla_i \nabla_j E_{k\nu} &= \frac{\hbar}{m}\nabla_i \langle \boldsymbol{k}\nu | p_j | \boldsymbol{k}\nu\rangle \\ &= \frac{2\hbar}{m}\mathrm{Re}\,\{-i\,\langle \boldsymbol{k}\nu | p_j \tilde{x}_i | \boldsymbol{k}\nu\rangle\} + \frac{i\hbar}{m}\langle \boldsymbol{k}\nu | [p_j, x_i] | \boldsymbol{k}\nu\rangle \\ &= \frac{i\hbar}{m}\sum_{\nu'}\left[p^j_{k\nu\nu'}\,\tilde{x}^i_{k\nu'\nu} - p^j_{k\nu'\nu}\,\tilde{x}^i_{k\nu\nu'}\right] + \frac{\hbar^2}{m}\delta_{ij}.\end{aligned}$$

Der Term mit $\nu' = \nu$ verschwindet.

Für $\nu' \neq \nu$ ist $\tilde{\boldsymbol{r}}_{k\nu\nu'} = \boldsymbol{r}_{k\nu\nu'}$. Führt man die Oszillatorstärken (2.13) ein sowie den Tensor der reziproken effektiven Masse, so folgt sofort der f-Summensatz

$$\sum_{\nu' \neq \nu} f^{ij}_{k\nu'\nu} = \delta_{ij} - [\mathsf{m}_\nu^{*-1}(\boldsymbol{k})]_{ij}\, m. \qquad (\mathrm{A}\,2.3)$$

Die Oszillatorstärken schreibt man manchmal in anderer Form mittels der Relation

$$\frac{\hbar}{m}\boldsymbol{p}_{k\nu\nu'} = i(E_{k\nu} - E_{k\nu'})\,\tilde{\boldsymbol{r}}_{k\nu\nu'} + \nabla_k E_{k\nu}\delta_{\nu\nu'},$$

und zwar $(\nu' \neq \nu)$

$$f^{ij}_{k\nu\nu'} = \frac{1}{m}\,\frac{p^i_{k\nu\nu'}\,p^j_{k\nu'\nu} + p^i_{k\nu'\nu}\,p^j_{k\nu\nu'}}{E_{k\nu} - E_{k\nu'}}.$$

Daraus folgen die Relationen

$$f^{ij}_{k\nu\nu'} = -f^{ij}_{k\nu'\nu} = f^{ji}_{k\nu\nu'}.$$

Appendix 3

Zum Beweis der Relation

$$\lim_{\eta \to +0} \frac{1}{\omega + i\eta} = \frac{\mathscr{P}}{\omega} - i\pi\delta(\omega) \qquad \text{(A 3.1)}$$

beachten wir, daß die Formel unter dem Integral zu verstehen ist:

$$\lim_{\eta \to +0} \int_a^b \frac{\mathrm{d}\omega}{\omega + i\eta} f(\omega) = \mathscr{P} \int_a^b \frac{\mathrm{d}\omega}{\omega} f(\omega) - i\pi f(0),$$

wobei $a < 0 < b$ ist. Aus Abb. 57 ist ersichtlich, daß das Integral mit $\eta > 0$ (aber klein) sich nach dem Grenz-

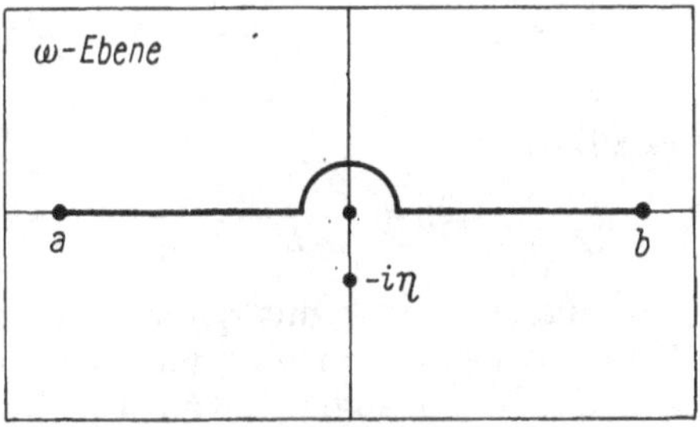

Abb. 57. siehe Text

übergang $\eta \to +0$ zusammensetzen läßt aus dem Hauptwertintegral und dem Integral über den kleinen Halbkreis. Mit

$$\omega = re^{i\varphi} \qquad \frac{\mathrm{d}\omega}{\omega} = i\,\mathrm{d}\varphi$$

wird letzteres

$$\int \frac{f(\omega)}{\omega} \mathrm{d}\omega = f(0) \int_\pi^0 i\,\mathrm{d}\varphi = -i\pi f(0).$$

Appendix 4

Mit dem Matrixelement (12.9) wird

$$d_{00} = -\frac{1}{2k_B T \Omega}\left(\frac{\Omega}{8\pi^3}\right)^2 \frac{2\pi}{\hbar}\frac{e^2 e^{*2}}{\Omega_0^2} 16\pi^2 \frac{\hbar}{2\overline{M}\,G^3\omega_l}\int \mathrm{d}^3\boldsymbol{k}\,\mathrm{d}^3\boldsymbol{q}$$
$$\times \frac{n\,\delta(E_{\boldsymbol{k}'} - E_{\boldsymbol{k}} - \hbar\omega_l) + (n+1)\,\delta(E_{\boldsymbol{k}'} - E_{\boldsymbol{k}} + \hbar\omega_l)}{q^2}$$
$$\times f_0 q^2 \cos^2\vartheta ,$$

wobei $\boldsymbol{k}' = \boldsymbol{k} + \boldsymbol{q}$ und $\vartheta = \sphericalangle(\boldsymbol{q}, \boldsymbol{E})$. Es sind also folgende Integrale zu berechnen:

$$J_{\pm} = \int \mathrm{d}^3\boldsymbol{k}\,\mathrm{d}^3\boldsymbol{q}\,\delta(E_{\boldsymbol{k}'} - E_{\boldsymbol{k}} \mp \hbar\omega_l)\,f_0\cos^2\vartheta .$$

Da

$$E_{\boldsymbol{k}'} - E_{\boldsymbol{k}} \mp \hbar\omega_l = \frac{\hbar^2}{2m^*}(2qk\cos\Theta + q^2 \mp \Omega_l)$$

mit $\Theta = \sphericalangle(\boldsymbol{q}, \boldsymbol{k})$ und

$$\Omega_l = \frac{2m^*\omega_l}{\hbar},$$

so kann man zuerst über $\boldsymbol{k}$ mit $\boldsymbol{q}$ als Polarachse integrieren; diese Integration erfolgt mit der δ-Funktion (Polarwinkel Θ); unabhängig davon ist die Winkelintegration über ϑ (Polarwinkel von $\boldsymbol{q}$ mit $\boldsymbol{E}$ als Polarachse). Der Integrand ist sowohl für die $\boldsymbol{k}$- wie die $\boldsymbol{q}$-Integration vom Azimut unabhängig. Das Verschwinden des Arguments der δ-Funktion liefert folgende Bedingung für q und k

$$\left|\frac{q^2 \mp \Omega_l}{2qk}\right| \leqq 1 . \tag{A 4.1}$$

Es wird also nach Durchführung der Winkelintegration:

$$J_{\pm} = \frac{2(2\pi)^2 m^*}{3\hbar^2}\int \mathrm{d}k\,\mathrm{d}q\,kq\,f_0 .$$

Die Grenzen für q und k folgen aus (A 4.1) zu

$$q_{\min} = |k - k'_{\pm}| \qquad k'_{\pm} = \sqrt{k^2 \pm \Omega_l}$$
$$q_{\max} = k + k'_{\pm},$$

dabei muß für den „—-Fall“ $k \geqq \sqrt{\Omega_l}$ sein; im „+-Fall“ läuft k von 0 bis ∞.
Mit

$$\int_{q_{\min}}^{q_{\max}} q \, \mathrm{d}q = \frac{1}{2} (q_{\max}^2 - q_{\min}^2) = 2k \sqrt{k^2 \pm \Omega_l}$$

wird also

$$J_{\pm} = \frac{4(2\pi)^2 m^*}{3\hbar^2} \int^{\infty} \mathrm{d}k \, k^2 \sqrt{k^2 \pm \Omega_l} \, f_0.$$

Die untere Grenze ist 0 (für +) bzw. $\sqrt{\Omega_l}$ (für —). Integrieren wir über $x = \dfrac{E}{k_B T}$ statt über k, so wird

$$J_{\pm} = \frac{2(2\pi)^2 m^*}{3\hbar^6} (2m^* k_B T)^2 \begin{Bmatrix} 1 \\ e^{-s} \end{Bmatrix} \int_0^{\infty} \mathrm{d}x \sqrt{x} \sqrt{x+s} \, f_0,$$

wobei $s = \dfrac{\hbar \omega_l}{k_B T}$.

Da $n = (n+1)\, e^{-s}$, so ist

$$n J_+ + (n+1) J_- = \frac{4(2\pi)^2 m^*}{3\hbar^6} (2m^* k_B T)^2 n \times \int_0^{\infty} \mathrm{d}x \sqrt{x} \sqrt{x+s} \, f_0$$

und somit

$$d_{00} = -\frac{8 e^2 e^{*2} m^{*3} k_B T}{3 \Omega_0 \pi M \omega_l \hbar^6} n(s) \int_0^{\infty} \mathrm{d}x \sqrt{x} \sqrt{x+s} \, f_0.$$

Appendix 5

Wir berechnen zunächst ($\Delta = \det \mathsf{T}$)

$$\mathsf{A} \underset{\text{def}}{=} [1 - \boldsymbol{B} \times \mathsf{T} + \Delta(\mathsf{T}^{-1}\boldsymbol{B})\,\boldsymbol{B}]\,(1 + \boldsymbol{B} \times \mathsf{T})\,^{1)}$$

$$= 1 - \boldsymbol{B} \times \mathsf{T}(\boldsymbol{B} \times \mathsf{T}) + \Delta(\mathsf{T}^{-1}\boldsymbol{B})\,\boldsymbol{B}$$

$$+ \Delta(\mathsf{T}^{-1}\boldsymbol{B})\,\boldsymbol{B}(\boldsymbol{B} \times \mathsf{T}).$$

Der letzte Term verschwindet als Spatprodukt mit zwei gleichen Vektoren.

Allgemein ist $(\boldsymbol{a} \times \boldsymbol{b})_i = \delta_{ijk} a_j b_k$ [2], wobei δ_{ijk} die Levi-Civita-Dichte ist. Also wird

$$[\boldsymbol{B} \times \mathsf{T}(\boldsymbol{B} \times \mathsf{T}\,\boldsymbol{a})]_i = \delta_{ijk} B_j \mathsf{T}_{kl} \delta_{lrs} B_r \mathsf{T}_{sm} a_m .$$

T sei symmetrisch: $\mathsf{T}_{sm} = \mathsf{T}_{ms}$. Setzt man $B_r = \mathsf{T}^{-1}_{pq} \mathsf{T}_{qr} B_p$ ein und beachtet $\delta_{lrs} \mathsf{T}_{kl} \mathsf{T}_{qr} \mathsf{T}_{ms} = \Delta\, \delta_{kqm}$, so folgt

$$\begin{aligned}[\boldsymbol{B} \times \mathsf{T}(\boldsymbol{B} \times \mathsf{T}a)]_i &= \delta_{ijk} B_j B_p \Delta\, \delta_{kqm} \mathsf{T}^{-1}_{pq} a_m \\ &= \Delta(\boldsymbol{B} \times [(\mathsf{T}^{-1}\boldsymbol{B}) \times a)]_i \\ &= \Delta[(\mathsf{T}^{-1}\boldsymbol{B})\,(\boldsymbol{B}\boldsymbol{a}) - \boldsymbol{a}(\boldsymbol{B}, \mathsf{T}^{-1}\boldsymbol{B}])_i ,\end{aligned}$$

so daß

$$\mathsf{A} = 1 + \Delta(\boldsymbol{B}, \mathsf{T}^{-1}\boldsymbol{B})$$

und

$$(1 + \boldsymbol{B} \times \mathsf{T})^{-1} = \mathsf{A}^{-1}[1 - \boldsymbol{B} \times \mathsf{T} + \Delta(\mathsf{T}^{-1}\boldsymbol{B})\boldsymbol{B}].$$

Beweis der zweiten Relation:

$$[\mathsf{T}(\boldsymbol{B} \times \mathsf{T}\boldsymbol{a})]_i = \mathsf{T}_{ij} \delta_{jkl} B_k \mathsf{T}_{lm} a_m .$$

---

[1] $\boldsymbol{B} \times \mathsf{T}\boldsymbol{a} = \boldsymbol{B} \times (\mathsf{T}\boldsymbol{a})$ $\quad$ $\boldsymbol{a}$ beliebiger Vektor
$(\mathsf{T}^{-1}\boldsymbol{B})\boldsymbol{B}\boldsymbol{a} = (\mathsf{T}^{-1}\boldsymbol{B})(\boldsymbol{B}\boldsymbol{a})$.

[2] Über doppelt auftretende Indizes wird summiert.

Verwendet man wieder $\mathsf{T}_{lm} = \mathsf{T}_{ml}$, $B_k = B_n \mathsf{T}_{nr}^{-1} \mathsf{T}_{rk}$ und $\delta_{jkl} \mathsf{T}_{ij} \mathsf{T}_{rk} \mathsf{T}_{ml} = \Delta\, \delta_{irm}$, so erhält man

$$[\mathsf{T}(\boldsymbol{B} \times \mathsf{T}\boldsymbol{a})]_i = \Delta\, \delta_{irm} B_n a_m \mathsf{T}_{nr}^{-1} = (\Delta\,(\mathsf{T}^{-1}\boldsymbol{B}) \times \boldsymbol{a})_i .$$

Appendix 6

Materialkonstanten von Silizium und Germanium

	Silizium	Germanium
Gitterkonstante bei 20 °C [Å]	5,43086	5,65748
Dichte bei 20 °C [gcm^{-3}]	2,32831	5,3234
Bandstruktur		
$\frac{2m}{\hbar^2} A$	$-4{,}0$	$-13{,}3$
$\frac{2m}{\hbar^2} \lvert B \rvert$	1,1	8,6
$\frac{2m}{\hbar^2} \lvert C \rvert$	4,1	12,5
Spin-Bahn-Aufspaltung des Valenzbandes Δ [eV]	0,04	0,3
Bandlücke E_g [eV] 0 K	1,16	0,75
300 K	1,12	0,665
Effektive Massen im Leitungsband		
$m_{\parallel}^*/m$	0,92	1,52
$m_{\perp}^*/m$	0,19	0,086
Statische Dielektrizitätskonstante ε_s	11,6	15,9
Schallgeschwindigkeit c_l [kms^{-1}]	9,2	5,4
Elastische Konstanten		
c_{11} [dyn cm^{-2}]	$1{,}6564 \cdot 10^{12}$	$1{,}292 \cdot 10^{12}$
c_{12}	$0{,}6394 \cdot 10^{12}$	$0{,}479 \cdot 10^{12}$
c_{44}	$0{,}7955 \cdot 10^{12}$	$0{,}668 \cdot 10^{12}$
Optisches Phonon $\hbar\omega(\boldsymbol{w} = 0)$ [eV]	0,065	0,037
Deformationspotential		
Ξ_u [eV]	8,5	16,4
Beweglichkeit (80 K $< T <$ 300 K)		
μ_e [cm^2/Vs]	$4{,}0 \cdot 10^9 T^{-2,6}$	$4{,}9 \cdot 10^7 T^{-1,66}$
μ_h [cm^2/Vs]	$2{,}5 \cdot 10^8 T^{-2,3}$	$1{,}05 \cdot 10^9 T^{-2,33}$

Materialkonstanten einiger direkter $A^{III}B^{V}$-Halbleiter

	GaAs	InP	InAs	InSb
Gitterkonstante [Å]	5,6535	5,8688	6,0585	6,4789
Dichte [gcm^{-3}]	5,36	4,83	5,71	5,82
Bandstruktur				
Bandlücke E_g [eV] 0 K	1,58	1,48	0,46	0,265
Effektive Masse an der Leitungsbandkante m^*/m	0,0655	0,0812	0,022	0,013
Statische Dielektrizitätskonstante ε_s	12,90	12,30	14,55	18,70
Optische Dielektrizitätskonstante ε_0	10,92	9,56	11,78	16,76
Schallgeschwindigkeit c_l [kms^{-1}]	5,24	5,16	4,28	3,80
Optisches Phonon $\hbar\omega_l$ [eV]	0,036	0,043	0,030	0,024
Bornsche effektive Ladung e^*/e	2,19	2,56	2,62	2,31
Deformationspotential Ξ [eV]	7,0	6,5	4,9	7,2
Reduzierte Masse $\overline{M}$ [10^{-24} g]	60,455	40,838	75,858	98,841

Literatur

A. I. ANSELM: Einführung in die Halbleitertheorie. Berlin, Akademie-Verlag 1964.

Г. Л. Бир, Г. Е. Пикус, Симметрия и деформационные эффекты в полупроводниках. Москва 1972.

J. S. BLAKEMORE: Semiconductor Statistics. Oxford Pergamon Press 1962.

M. BORN, K. HUANG: Dynamical Theory of Crystal Lattices. London, Oxford University Press 1954.

W. BRAUER: Einführung in die Elektronentheorie der Metalle. 2. Aufl., Leipzig, Akad. Verl. Ges. 1972.

W. A. HARRISON: Solid State Theory. New York, McGraw-Hill 1970.

H. JONES: The Theory of Brillouin-Zones and Electronic States in Crystals. Amsterdam, North-Holland Publ. Comp. 1960.

C. KITTEL: Quantum Theory of Solids. New York, Wiley 1963.

C. KITTEL: Introduction to Solid State Physics. 4. Ed. New York, Wiley 1971.

O. MADELUNG: Physics of III—V Compounds. New York, Wiley 1964.

O. MADELUNG: Grundlagen der Halbleiterphysik. Berlin, Springer-Verlag 1970.

O. MADELUNG, Festkörpertheorie I. Berlin, Springer-Verlag 1972.

J. C. PHILLIPS: Covalent Bonding in Crystals, Molecules and Polymers. Chicago, The University of Chicago Press 1969.

F. SEITZ: The Modern Theory of Solids. New York, McGraw-Hill 1940.

H. W. STREITWOLF: Gruppentheorie in der Festkörperphysik. Leipzig, Akad. Verl. Ges. 1967.

J. M. ZIMAN: Principles of the Theory of Solids. 2nd ed., Cambridge University Press 1972.

Halbleiterprobleme, Bd 1—6. Braunschweig, Friedr. Vieweg Verlag 1954—1961.

Festkörperprobleme, Bd 1ff. Braunschweig, Friedr. Vieweg Verlag; Berlin, Akademie-Verlag. 1962ff.

Solid State Physics, Vol. 1ff. Eds.: F. SEITZ and D. TURNBULL (ab Vol. 20 auch) H. EHRENREICH New York, Academic Press 1955ff.

Symbolverzeichnis

(Die Seitenzahlen bezeichnen das erste Auftreten des betreffenden Symbols)

Symbol	Bedeutung	Seite
$\boldsymbol{a}_i$	Basisvektor	12
$\boldsymbol{b}_i$	reziproker Basisvektor	14
$c_0 = v_0 + 1$	Index des tiefsten Leitungsbandes	84
c_l	longitudinale Schallgeschwindigkeit	168
$D_{jj'}^{\varrho s'}(\boldsymbol{w})$	dynamische Matrix	110
$e < 0$	Elementarladung	42
E_d	direkte Bandlücke	85
E_g	Bandlücke	65
e^*	Bornsche (dynamische) Ladung	124
e_s	effektive Ladung	118
$E_\nu(\boldsymbol{k}) \equiv E_{\boldsymbol{k}\nu}$	Bandstruktur-Funktion	29
$e_{j\alpha}^s(\boldsymbol{w})$	Polarisationsvektor	111
$f_0(E)$	Fermi-Verteilung	42
$f_\nu(\boldsymbol{k})$	Verteilungsfunktion der Elektronen	138
$f_{\boldsymbol{k}\nu'\nu}^{ij}$	Oszillatorstärke	41
$f_{\boldsymbol{k}\nu'\nu}$	Oszillatorstärke in kubischen Kristallen	83
g	Ordnung der Punktgruppe	30
G	$\Omega = G^3\Omega_0$	35
H_{EP}	Elektron-Phonon-Wechselwirkungsoperator	124
$\boldsymbol{K}$	reziproker Gittervektor	14
$\boldsymbol{k}_\varrho$	Vektor zum Bandtal	148
$\overline{M}$	reduzierte Masse der Wigner-Seitz-Zelle	116

$\varepsilon(\boldsymbol{q} + \boldsymbol{K}, \omega)$	dielektrische Funktion	45
ν	Bandindex	29
ν_0	Index des höchsten Rumpfbandes	55
Ξ_u	Deformationspotentialkonstante	131
Ξ_d	Deformationspotentialkonstante	131
$\sigma(\boldsymbol{q}, \omega)$	Leitfähigkeitstensor	79
$\boldsymbol{\tau}_s$	Vektor der Basis	23
$\psi_{\boldsymbol{k}}(\boldsymbol{r})$	Blochfunktion	28
ω_p	Plasmafrequenz der Valenzelektronen	92
$\omega_p{}^*$	Plasmafrequenz der Leitungselektronen	83 171
$\omega_\alpha(\boldsymbol{w})$	Phononfrequenz	111
Ω	Volumen des Grundgebietes	35
Ω_0	Volumen der Wigner-Seitz-Zelle	13

Sachverzeichnis

Die Autoren

- entwickeln die Quantentheorie der Elektronen in kristallinen Halbleitern
- legen dabei Methoden der Bandstrukturberechnung, die dielektrische Funktion, Gitterschwingungen und Elektron-Phonon-Wechselwirkung dar
- untersuchen physikalische Meßgrößen, wie die optischen Eigenschaften, elektrische Leitfähigkeit und galvanomagnetische Effekte
- wenden dies auf die technologisch wichtigen Substanzen, u. a. Silizium und Gallium-Arsenid, an

WISSENSCHAFTLICHE TASCHENBÜCHER

FSC
www.fsc.org
MIX
Papier | Fördert gute Waldnutzung
FSC® C083411

Zeitfracht Medien GmbH
Ferdinand-Jühlke-Straße 7
99095 Erfurt, Deutschland
produktsicherheit@kolibri360.de